土木工程智慧检测系列教材

"1＋X"职业技能等级证书配套教材

路桥工程无损检测(中级、高级)

数字技术与土木工程信息化

蒋永林　主　编

胡德贵　夏红文　副主编

吴佳晔　主　审

人民交通出版社股份有限公司

北　京

内 容 提 要

本教材为土木工程智慧检测系列教材、"1＋X"职业技能等级证书配套教材，由职业院校专业教师及行业专家团队编写。全书共分八章，内容包括：绪论、数据采集与传输、数据分析与管理、数据展现与应用、数字技术在工程建造中的应用、数字技术在工程养管中的应用、实践性试验、演示性试验。具体包括工程项目建设建、养管过程中从数据采集至数据分析的一体化知识，还包括理论体系建造、关键技术解析、测试方法、具体应用及实操指导等。

本教材配有丰富的数字课程资源库、课件库及相关试验指导等教学资源，可作为职业院校土木建筑等专业主干课程教材，智能建造等专业选修课程教材，也可作为科研人员、试验人员和有关技术人员的专业技术参考书。

＊本书配有多媒体助教课件，任课教师可通过加入职教路桥教学研讨群（QQ 群 561416324）索取。

图书在版编目（CIP）数据

数字技术与土木工程信息化／蒋永林主编. — 北京：
人民交通出版社股份有限公司, 2021.1
ISBN 978-7-114-17020-1

Ⅰ. ①数… Ⅱ. ①蒋… Ⅲ. ①土木工程—信息化
Ⅳ. ①TU-39

中国版本图书馆 CIP 数据核字（2021）第 019616 号

书　　　名	数字技术与土木工程信息化
著 作 者	蒋永林
责任编辑	孙　玺　杨　思
责任校对	孙国靖　扈　婕
责任印制	张　凯
出版发行	人民交通出版社股份有限公司
地　　　址	（100011）北京市朝阳区安定门外外馆斜街 3 号
网　　　址	http://www.ccpcl.com.cn
销售电话	（010）59757973
总 经 销	人民交通出版社股份有限公司发行部
经　　　销	各地新华书店
印　　　刷	中国电影出版社印刷厂
开　　　本	787×1092　1/16
印　　　张	9.75
字　　　数	230 千
版　　　次	2021 年 1 月　第 1 版
印　　　次	2021 年 1 月　第 1 次印刷
书　　　号	ISBN 978-7-114-17020-1
定　　　价	38.00 元

（有印刷、装订质量问题的图书由本公司负责调换）

序
Preface

我国土木工程基础设施建设规模庞大且技术发展迅速，既有如三峡大坝、港珠澳大桥、川藏铁路等世界级高难度的基建工程，也有如雷神山、火神山医院这类展示"中国速度"的装配式建筑。我国一直有着"基建狂魔"的称号，同时也面临着巨大的转型挑战与创新需求，其中以"智慧工地""智慧养管"为代表的新一轮革新浪潮以不可阻挡之势扑面而来。

智慧工地是指运用信息化手段，通过三维设计平台对工程项目进行精确设计和施工模拟，围绕施工过程管理，建立互联协同、智能生产、科学管理的施工项目信息化生态圈，并将此数据在虚拟现实环境下与物联网采集到的工程信息进行数据挖掘分析，提供过程趋势预测及专家预案，实现工程施工可视化智能管理，以提高工程管理信息化水平，从而逐步实现绿色建造和生态建造。

而智慧养管则是在工程全寿命周期理论基础上，充分借助数字化技术，结合"精细管理、精准服务"理念，集成人员、业务、技术、装备、数据、模型等，实现对工程养护全过程、全要素的科学化、智能化、主动式、预防性管理，包括：无人化巡查；大数据决策；仿真化设计；模块化制造；自动化作业；全景化感知；全方位应急；精准化服务等多个层次。

"智慧工地"与"智慧养管"包含的内容很多，但数字化技术为其基础，信息化则为其最初的应用领域。通过数字化技术实现点对点、点对云的交互式连接，进而可随时获得所需信息。而信息化建设是把工程基础建设要素转化成可辨识、可处理的信息，为土木工程向"智慧建造"及"智慧养管"的转变提供基础。

本教材注重理论与实践相结合，既有理论体系的建构，也有关键技术解析，还有具体应用的展示与总结，内容翔实、丰富。同时，提供了相关试验的指导，对培养学生的动手能力大有裨益。

本教材编者中既有从事理论研究的学者，也有从事工程实践的专家，在相关行业均造诣匪浅，对当前数字技术与土木工程信息化发展的理论与应用进行了系统总结。

相信本教材的出版,对推动"智慧建造""智慧养管"的落地和升级,促进土木工程产业变革能发挥重要的作用。

期待此书。

吴佳晔于西南石油大学

2020 年 12 月

前 言
Preface

【编写背景】

近年来,我国土木工程建设发展和技术迭代迅速,以数字化、物联网、大数据和人工智能等技术为代表,土木工程信息化已经取得了突破性进展。本教材从土木工程"智慧工地"与"智慧养管"应用点出发,系统介绍了数字技术、土木工程信息化技术及发展趋势,对土木工程勘察、设计、建造、管理、运营过程中的数字化应用进行了深入介绍。

【教材定位】

本教材为土木工程智慧检测系列教材,"1+X"职业技能等级证书配套教材。本教材以适应高校复合型技术技能人才的培养体系,促进学生知识、技能、职业素养的协调发展为背景,由四川交通职业技术学院、四川轻化工大学、河北交通职业技术学院、云南交通职业技术学院等高校及四川升拓检测技术股份有限公司等企业共同编写完成。

本教材从信息流角度出发,系统介绍了数据采集、数据分析及管理、数据呈现等方面的理论、方法和技术,同时收录了在建建筑、桥梁以及公路工程的"智慧建造"及"智慧养管"应用案例,使读者对这一领域的知识有较为全面和透彻的了解。本教材可作为高等学校土木工程专业的教学用书,也可供从事土木工程相关工作人员参考。

【教材特色】

本教材紧密贴合工程实际需求,以信息流作为切入点展开论述,分别介绍了数字土木工程中各种数据采集与获取的技术方法、数据分析方案和手段。在实践方面,紧密结合具体应用领域,着重对数据展现及应用案例进行阐述,同时为了便于学习,本教材提供了相关试验的指导书。

本教材体系完整,各部分内容详尽且相对独立,具有较强的实用性及可操作性,可用于学生全面系统地学习和了解前沿数字化技术,又可满足土木行业技术人员的知识拓展及土木工程数字化的实际需求。

【编写分工】

本教材由四川交通职业技术学院蒋永林担任主编,四川交通职业技术学院胡德贵、四川路桥建设集团股份有限公司夏红文担任副主编。西南石油大学、四川升拓检测技术股份有限公司吴佳晔担任主审。其他参与编写的还有吕鹏磊(河北交通职业技术学院),刘光东(福建省高速技术咨询有限公司),张应迁(四川轻化工大学),赵强、李昆华(云南交通职业技术学院),晁春峰、杨超(杭州同睿工程科技有限公司),崔晓光(四川升拓检测技术股份有限公司),廖知勇、周栓科(四川高速公路建设开发集团有限公司)。全书由徐毛毛(四川升拓检测技术股份有限公司)统稿。

【致谢】

本教材承蒙西南石油大学吴佳晔教授审阅,并提出许多宝贵意见,在此谨表示诚挚的谢意。本教材在编写过程中,参阅了大量国内外著作和资料,在此感谢被引用文献的作者,以及为本教材提供各种资料的编委及行业同仁。

编　者

2020 年 12 月

本教材主要术语中英对照表

中 文 全 称	英 文 全 称	简称
三维	three dimension	3D
四维	four dimension	4D
第四代移动通信技术	fourth generation	4G
模数转换	analog-digital conversion	A/D
高级加密标准	advanced encryption standard	AES
人工智能	artificial intelligence	AI
人工神经网络	artificial neural network	ANN
应用程序接口	application programming interface	API
应用	application	App
异步响应方式	asynchronous response mode	ARM
曲线下面积	area under curve	AUC
浏览器-服务器	browser/server	B/S
北斗导航卫星系统	beidou navigation satellite system	BDS
建筑信息模型	building information model	BIM
业务流程管理	business process management	BPM
企业流程重组	business process reengineering	BPR
客户-服务器结构	client/server	C/S
计算机辅助设计	computer aided design	CAD
加州承载比	california bearing ratio	CBR
中央处理器	central processing unit	CPU
客户关系管理	customer relationship management	CRM
计算机断层扫描术	computer tomography	CT
数据采集	data acquisition	DAQ
数据挖掘技术	data mining	DM
数字表面模型	digital surface model	DSM
决策支持系统	decision support system	DSS
电子商务	electronic commerce	EC
电子数据交换	electronic data interchange	EDI
企业资源计划	enterprise resource planning	ERP
专家系统	expert system	ES
前向纠错	forward error correction	FEC
快速傅里叶变换	fast fourier transform	FFT
假阴性	false negative	FN
假阳性	false positive	FP

中 文 全 称	英 文 全 称	简称
假阳性率	false positive rate	FPR 或 FP 率
文件传送协议	file transfer protocol	FTP
伽利略卫星导航系统	galileo navigation satellite system	Galileo
地理信息系统	geographical information system	GIS
全球导航卫星系统	global navigation satellite system	GNSS 或 GLONASS
全球定位系统	global positioning system	GPS
全球移动通信系统	global system for mobile communications	GSM
超文本传送协议	hyper text transfer protocol	HTTP
输入输出	input/output	I/O
集成光路	integrated optical circuit	IOC
物联网	internet of things	IoT
互联网协议	internet protocol	IP
带业务监测	in-service monitoring	ISM
k 均值聚类法	k-means clustering	K-means
k 近邻查询	k-nearest neighbor query	KNN 查询
远程无线电导航	long-range radio navigation	LoRa
逻辑斯谛回归	logistical regression	LR
长期演进技术	long term evolution	LTE
最大熵方法	maximum entropy method	MEM
机器学习	machine learning	ML
制造资源计划	manufacturing resource planning	MRPII
办公自动化	office automation	OA
联机分析处理	online analytical processing	OLAP
个人计算机	personal computer	PC
主成分分析	principal component analysis	PCA
概率可检测证明	probabilistically checkable proofs	PCP
聚乙烯	polyethylene	PE
物理层	physical layer	PHY
定位测姿系统	position and orientation system	POS
电子付款机	point of sale	POS
质量功能展开	quality functional deployment	QFD
随机存取存储器	random access memory	RAM
射频识别技术	radio frequency identification	RFID
强化学习	reinforcement learning	RL

中文全称	英文全称	简称
递归神经网络	recurrent neural networks	RNN
受试者操作特征曲线	receiver operating characteristic curve	ROC 曲线
只读存储器	read-only memory	ROM
遥感技术	remote sensing technique	RS
实时动态	real-time kinematic survey	RTK
实时传输协议	real-time transport protocol	RTP
远程终端	remote terminal unit	RTU
简单对象访问协议	simple object access protocol	SOAP
合成孔径雷达	synthetic aperture radar	SAR
供应链管理	supply chain management	SCM
存货单位	stock keeping unit	SKU
半监督学习	semi-supervised learning	SSL
支持向量机	support vector machine	SVM
传输控制协议	transmission control protocol	TCP
传输控制协议/互联网协议	transmission control protocol/internet protocol	TCP/IP
真阴性	true negative	TN
真阳性	true positive	TP
真阳性率	true positive rate	TPR 或 TP 率
全面质量管理	total quality management	TQM
无人驾驶飞行器	unmanned aerial vehicle	UAV
用户数据报协议	user datagram protocol	UDP
用户界面	user interface	UI
通用移动通信业务	universal mobile telecommunications service	UMTS
通用串行总线	universal serial bus	USB
超大规模集成电路	very large scale integrated circuit	VLSI
虚拟专用网	virtual private network	VPN
无线保真	wireless fidelity	Wi-Fi
万维网	world wide web	WWW
可扩展标记语言	extensible markup language	XML
单片计算机	single-chip computer/computer on a chip	—
以太网	ethernet	—
串行端口	serial port	—
蜂舞协议	zigbee	—
信度	reliability	—

中 文 全 称	英 文 全 称	简称
贝叶斯	bayes	—
深度学习	deep learning	—
数据集	data set	—
测试数据	test data	—
决策树	decision tree	—
信息熵	information entropy	—
集成学习	ensemble learning	—
回归方程	regression equation	—
层次聚类法	hierarchical cluster	—
训练集	training set	—
测试集	testing set	—
偏移	bias	—
方差	variance	—
欠拟合	underfitting	—
过拟合	overfitting	—
准确度	accuracy	—
差错率	error rate	—
精度	precision	—
查全率	recall	—
互信息	mutual information	—
缺陷	defect	—
大数据	big data	—
戴明环	pdca cycle	—
贝叶斯网络	bayesian network	—
神经元网络	neural network	—

注:本表根据全国科学技术名词审定委员会审定公布的名词(术语在线)整理。

目　录
Contents

第三篇　实践篇　土木工程信息化试验

第1章　绪　　论

　　本章介绍了数字经济、数字技术与土木工程信息化的相关概念及关系,目的在于使学生了解数字技术在土木工程规划、设计、施工、养管中的应用,为更深层次的学习打下良好的基础。

1.1　科技革命与产业变革

　　回顾人类社会的发展历史,每一次重大科技革命都会引发产业变革,并对经济社会的发展产生重大影响。以蒸汽机发明为标志的第一次科技革命,带来了铸铁、玻璃等新型建筑材料的出现,用铸铁和玻璃建造而成的伦敦水晶宫成为那个时代的标志性建筑。第二次科技革命是电力技术的发明,因为有了电灯、电梯等电气设备,美国开始建造摩天大楼。第三次科技革命是20世纪迎来的信息技术,由于计算机的诞生,建筑设计师可以借助计算机来进行复杂的结构设计和计算,形式新颖的建筑陆续出现,最具代表性的建筑就是澳大利亚的悉尼歌剧院。当前,人类社会已进入第四次科技革命,进入一个以数字化、网络化、智能化为特征的数字时代。

　　数字时代的经济有3个显著特点:一是以互联网为核心的新一代信息技术,如5G、物联网,正逐步成为人类社会经济活动的基础设施,在其支撑下,人类极大地突破了沟通和协作的时空约束,推动平台经济、共享经济等新经济模式快速发展;二是各产业链围绕信息化主线深度协作、融合,完成自身的提升变革,并不断催生新的业态,同时也使一些传统业态模式发生变化,产生新的商业模式(一些传统产业、职业可能走向消亡,出现新的业态和新的产业岗位),

特别是 2020 年新冠肺炎疫情期间,远程在线上课、在线远程就诊、无接触配送等数字经济新业态新模式快速发展;三是随着云计算、大数据、人工智能技术的发展,海量的数据和资源集聚在一起,无数的智能机器和智慧大脑在网络平台上持续互动,相互交流,彼此作用,信息技术体系将释放出远超当前的技术能力,在产业技术、社会治理、城市管理、行业管理达到"智慧"的阶段,可极大地提升资源配置效率,带来未来数字经济的爆发式发展。

数字时代的经济,大致可以分为两个主要类别:数字产业化经济和产业数字化经济。数字产业化经济的主要产业,主要是指信息通信产业,如电子信息设备制造业、电信业、软件和信息技术服务业等,以及数字技术迅猛发展所产生的新兴行业,如大数据、云计算、物联网等。产业数字化经济是数字经济的主体部分,其主要特征是将互联网、大数据、云计算、人工智能等数字技术与传统产业相结合所带来的产出增加和效率提升。在农业领域,包括农业生产、运营、管理的数字化,农产品配送的网络化等;在工业领域,包括工业互联网、智能制造等;在服务业领域,包括新零售、智慧物流、电子支付、在线旅游、在线教育和共享经济等;在基础设施领域,包括数字公路、数字建造、智慧建筑、智能机械等。

1.2　数字时代与"新基建"

传统基础设施建设,主要是指铁路、公路、机场、水利工程等的建设。数字经济时代,除了人员、物品是生产要素外,数据也是重要的生产要素,适应新的生产要素就需要建设新型的基础设施。新型基础设施就是以新发展理念为引领,以技术创新为驱动,以数据、网络为基础,面向高质量发展需要,提供数字转型、智能升级、融合创新等服务的基础设施体系。新型基础设施与传统基础设施的根本区别在于它的数字化、网络化、智能化,产品形态从单纯的实物产品转变为"实物＋数字"有机融合的产品(也称数字孪生、数字双生)。工程建设者通过物理实体和虚拟空间的融合,利用传感器采集到的海量数据,通过高速网络传输,在各种智能算法的支持下,实现智能化的生产和服务,开发更多更好的产品和服务,在提升社会生产力的同时,更好地满足人们对美好生活的需求。在潜力巨大的传统基建领域应用数字技术,可以加快传统基础设施建设的转型升级,有效解决传统基础设施粗放式、碎片化的建造方式带来的建造效益、质量、安全、环保等方面存在的一系列问题,实现中国建造高质量发展。与此同时,传统基建领域发展数字技术可弥补数字产业缺乏足够的应用场景和模式问题,催生出新的产业及新产业创造出的新就业岗位,实现产业数字化和数字产业化的双向赋能。

简单地说,数字时代的土木工程建设,就是要在工程实体建设的同时,把最基层对象的感知数字化,在实现工程建造要素资源数字化的基础上,利用现代信息技术,通过大数据、人工智能、云计算等数据处理,实现数字链驱动下的工程立项策划、规划设计、施(加)工生产、养管等智能决策和高效率协同,拓展工程建造价值链、改造产业结构形态,向用户交付智能化工程产品与服务。数字时代的土木工程建设如图 1-1 所示。

数据对象层为工程建设的相关参与方,包含施工人员、工程机械、工程资源、工程环境及工程产品等,是数字时代土木建设数据来源的主体。

数据感知层负责土木工程项目在规划设计和建造过程中的人员、机械、资源、环境等相关信息的数据采集。人们利用感知设备将工程建设中的质量、进度、安全等大量数据统一收集,实现工程建设信息的全面感知。工程建设数据主要通过各类前端的数据采集设备,如无线射频识别技术(RFID)设备、传感器、视频监控装置、地理信息系统(GIS)/全球定位系统(GPS)和遥感测量,以及各类检测、智能化施工机械等设备,将大量的反映客观世界的数据收集并传送至数据中心,数据中心通过筛选、分析后形成结果性或统计性数据。

图 1-1 数字时代的土木工程建设

数据传输层负责信息感知层所获取的建筑工程项目相关的信息或数据的传输与共享,从技术上讲主要是通过卫星通信网络、互联网、移动互联网、物联网等技术来实现的,目的是实现建造过程中人与物、物与物、人与人及终端与数据平台间的信息传输与共享,实现更加全面的互联互通。

数据分析管理层负责提供海量信息存储和数据分析处理的能力,负责存放建造过程中所必需的各种信息,如与设计相关的建筑信息模型(BIM)信息、人员、机械设备、材料、环境信息等,从技术角度来说可以使用云存储技术构建基于云平台的数据中心。

数据应用层建立一系列标准化的服务类应用,根据建筑工程项目参与方的不同需求,为其提供有针对性的、个性化的应用服务,实现不同参与方之间的协同运作,进而使建筑工程项目建造过程、养管过程的全寿命周期更加智慧化。

近年来,融合自动感知、人工智能等的智能建造装备开始应用于交通基础设施建造中。如沥青路面施工中使用无人驾驶压路机自动压实,如图 1-2 所示;隧道施工中采用数字化、智能化掌子面地质信息分析技术,如图 1-3 所示。

图 1-2　无人驾驶压路机用于路面施工

图 1-3　数字化、智能化掌子面地质信息分析

2020 年 8 月交通运输部印发了《关于推动交通运输领域新型基础设施建设的指导意见》。其中提出在交通运输领域,新型基础设施建设的目标是实现先进信息技术深度赋能交通基础设施,泛在感知设施、先进传输网络、北斗时空信息服务在交通运输行业深度覆盖,交通运输设施设备精准感知、精确分析、精细管理和精心服务能力全面提升,智能列车、自动驾驶汽车、智能船舶等逐步应用,打造融合高效的智慧公路、智慧铁路、智慧航道、智慧港口、智慧民航、智慧邮政、智慧枢纽,推进新能源新材料及可循环利用材料在基础设施建造、生态修复和运行维护领域的应用。2020 年 8 月,我国首条支持 5G 自动驾驶测试与应用的智慧高速公路——长益高速公路建成通车,全国有部分高速公路已开展支持车路协同自动驾驶创新示范工作。

1.3　数字技术与土木工程信息化

随着现代信息技术的发展,利用数字技术、智能装备,通过物联网和人工智能等系统对传统土木工程建设进行全面的数字化改造,最终实现建设过程的自动化、智能化,养管过程的智能化、无人化,是土木工程发展的必然趋势。土木工程信息化是土木工程从数字化走向智能化

的必要阶段,目前正处于蓬勃发展阶段。通过数字化技术,人们可以实现建造过程的信息化、自动化,可以从多方面有效解决我国西部地区基础设施建设存在的施工环境差、作业效率低、质量安全风险高、监督检查难等突出矛盾,破解西部山区经济社会发展的困局。对土木工程全寿命周期而言,工程养管阶段所投入的成本最大,其次是建造阶段,规划与设计阶段投入相对较少。在产业转型升级高质量发展的新形势下,建造阶段的数字化变革诉求是最为迫切的,同样也是最容易看到成效的,也意味着是我们技术研发的重点。

1.3.1 工程勘察的数字技术应用

通信技术、空间信息技术,尤其是高分辨率卫星遥感技术、真三维可视化管理技术、激光雷达技术和全景影像技术等新兴技术的发展及其在工程勘察设计中的应用,大大缩短了工程项目勘察设计工作的作业时间,极大地提高了作业效率和精度,降低了工程建设成本,为工程勘察设计工作带来了新的发展机遇。其中,3S 技术正逐渐成为勘察数字化的核心技术。3S 技术是遥感(RS)技术、地理信息系统和全球定位系统的统称,是空间技术、传感器技术、卫星定位与导航技术和计算机技术、通信技术相结合,高度集成地对空间信息进行采集、处理、管理、分析、表达、传播和应用的现代信息技术。

一、高分辨率卫星遥感技术

近年来,卫星遥感图像的定位精度越来越高,空间分辨率越来越细,尤其是随着中国高分辨率对地观测系统(简称高分专项工程)的逐步实施,卫星遥感技术可以更加快速、精密、详细地获取地表信息,在工程应用领域也有了突破性的进步和发展,在道路交通领域主要用于遥感交通调查、遥感影像地图与电子地图制作、道路工程地质遥感解译等方面。

二、航空摄影测量

航空摄影测量是以飞机搭载的摄影机所拍摄的物体影像为基础,从几何和物理方面加以分析和量测,从而确定物体的形状、大小、性质及空间位置等信息的一门学科。由于航空摄影测量的影像信息量丰富,真实和详尽地记录了摄影瞬间的地表形态,人们能方便地获得被摄地区的大比例地形资料。实践表明,航空摄影测量是大规模、快速、大范围获取设计所需的各种地面要素的最佳手段之一。

航测高程的理论精度可达航高的 1/4000～1/6000,因而,整体提高航测精度最可行的方法是尽可能地降低摄影航高。但在摄影测量学上,航高的降低有一定的技术难度,需要研究解决安全航高的限制、摄影死角增多、单幅像片覆盖面积减小、相对航速的增加使像点发生位移、近地层气流扰动使像片变形增大等一系列技术问题及相应的经济合理性等问题。

三、数字摄影测量

随着计算机技术等学科的不断创新突破,航测技术逐步进入了数字摄影测量阶段。数字摄影测量起源于摄影测量自动化实践,采用通用的计算机和相关外部设备,以计算机视觉代替人眼的立体观测,利用相关技术自动处理数字化影像,生产完全数字化形式的相关产品。这种全数字化、全自动化的测绘方式,为数字化的工程勘察设计提供了一种可靠的数据源。

四、高精度 GPS-RTK 测量

摄影测量获取的航测数据,尤其是高程精度,往往不能满足施工图设计的要求。例如,对于需保留原有路面的桥梁改扩建工程而言,其高程精度必须控制在桥梁原有桥面面层调整的范围内,必须有高精度的地面测量数据予以保证。

根据 GPS 的特点,其具有较好的平面测量精度,但高程精度相对较低。因此,在实际工程建设过程中,通过引入大地水准面精细化等办法,逐步形成并完善了 GPS-RTK 三维地面数据采集技术方案,实现"一次测量、三维定位",GPS 测量的大地高程值能在满足工程需要的条件下直接转化为几何水准高程,实现卫星高精度水准测量,从而大大减少甚至取代常规地面测量作业。

五、激光、微波(雷达)测量

激光或者微波测量技术均通过测试激光(或电磁波)在遇到物体时反射的时间,进而测量物体的大小和轮廓。该方法具有低成本、高效率、快速测量等特点,为我国数字化城市建设及工程勘测等测绘工程提供了有力的技术支持。

六、数字化地形图

数字化地形图可有效解决测量数据多、测量完毕不易校核、易出错、测量资料保存难等问题。通过采用专业数字化地形图测绘等处理后,地形图可以形成电子档案,不仅可以满足规范的需求,而且勘测成果在图上一目了然,既可以重复利用,也可以永久保存,还可以不断地补充、调整。数字化地图使测设过程发生了本质的变化,改善了现有勘察设计体系,实现了勘察和设计协同作业,提高了设计能力,缩短了设计周期,提高了设计质量与设计水平;同时还减少了工作人员的野外工作时间和内容,大大降低了劳动强度。

七、无人机航测

工程设计对测量的数据要求越来越高,传统测量周期长、数据格式有限,难以满足现代工程设计的要求。无人机的外业操作简便,内业解算周期短,数据质量可靠,同时能够快速生成正射影像,在初步设计过程中应用前景广泛。与传统的在地形图上选线相比,无人机航测在数字化地形图上的选线更加直观、高效。

1.3.2　工程设计的数字技术应用

目前,广为应用的建筑信息模型即 BIM 技术,是工程设计数字技术应用的重要手段,使工程设计逐渐向协同化和可视化设计发展。不同于计算机辅助设计(CAD)的基于二维状态下的设计,BIM 技术下的建模设计过程是以三维状态为基础,通过构建三维实体模型,使设计过程更加直观。通过建立基于 BIM 数据库的协同平台,把建筑项目各阶段、各专业间的数据信息纳入该平台中,业主、设计、施工及运维等各方可以随时从该平台上任意调取各自所需的信息,通过协同平台对项目进行设计深化、施工模拟、进度把控、成本管控等,提升项目的管理水平、设计品质。

BIM 技术建造的数据模型数据量过大时,可以通过轻量化的方式进行数据处理。Unity 3D 可视化技术可以实现道路模型和相应数据的形象展示。

工程设计的数字化应用还体现在利用自动化技术来实现自动设计,例如,工程实际中出现的桥梁自动化勘察设计平台、路面自动摊铺机、智能桥梁检测车,以及用于工程施工和养护领域某些特殊用途的机器人等,都是工程设计数字技术的典型应用。

1.3.3　工程建造的数字技术应用

数字化建造是指在建筑工程施工中,利用数字化技术,把施工现场、工程机械设备、生产线、构件工厂、供应商、建筑产品、用户等紧密地连接在一起,收集和处理各种相关数据,并对这些数据用计算机进行科学的分析处理,最后反馈到相关部门作为管理层的决策依据。它是在建筑工业化的基础上进行的数字化升级,用"看不见"的数据自动化来驱动"看得见"的施工过程的智能化,从而极大地提高施工管理的效率和水平,使建筑工程施工管理水平跳跃到一个新的发展台阶。

随着近年来 BIM 标准化建设、个人计算机(PC)预制工厂的发展,数字化建造也逐渐从前沿的研究课题走向实际的建造工程。尤其是建造过程中数字模拟技术拓展了人的想象力,再加上新型科技材料、机器人精确加工、3D 打印技术的应用,产生了一些更绚丽的新工艺、新产品。

目前,数字化建造在土木工程领域应用较为广泛的是智慧工地、智能定位、物联网(IOT)实时监测、质量信息管理等方面。每一项应用都致力于将数字技术综合运用,在结合工程现场经验后,逐步做到工程现场智慧管理。

(1)建设项目:以工地现场管理为核心,通过信息化技术取代传统手工业务,为项目现场的人员、机械、安全、环境等各方面提供数字化的解决方案。

(2)集团公司:利用信息化平台的集成整合,提升集团公司层对施工一线的直接管控水平,强化内部协调性,同时可实现基于大数据层面的决策分析。

(3)主管部门:采用一体化、多层次的、多区域的末端信息化结构体系,建立远程监管平台,打破信息壁垒,可以掌握一手数据,实现工程建设的数字化监管。

1.3.4　工程养管的数字技术应用

工程养管的数字技术应用主要是指以数字化、信息化、智能化技术为基础,构建物联网,通过感知设备实现工程信息的收集和传输,并对实时的、动态的数据进行分析,建立智慧的诱导系统,保证工程结构处于健康运行状况,满足各类用户的实际需求。在道路基础设施中,目前大部分基础设施处于"被动养管"状态(当已经出现病害时才采取养护措施,进行对病害的修补工作),数字技术的应用可以变被动养管为主动养管,从项目建设初期开始,在结构的关键部位或控制性断面预埋传感设备,实时动态采集各类数据,如结构的温度、受力、变形、裂缝等。在项目的养管阶段,通过实时检测和监测到的数据与初始数据的比对,分析病害的发展规律,预测可能出现的结构病害及其发展趋势,提前采取相应的养护和病害维修措施,防止病害加剧和危害工程安全的情况发生,如道路路基的不均匀沉降、桥梁坍塌、隧道衬砌脱落、边坡滑坡等。

目前,数字技术已经在国内不少高速公路的养护和管理中发挥了重要作用,具体内容见本书第 6 章。

习 题

1.试列举身边出现的新业态、新职业及利用数字技术的新商业模式。

2.车路协同的自动驾驶可能给交通运输产业带来哪些方面的变化？

3.随着土木工程数字化的发展,可能给土木建筑行业带来哪些变革？对从业者的知识和技能可能带来哪些挑战？

4.如何理解数字产业化和产业数字化的双向赋能？

本章参考文献

[1] 赵磊."智能监理"理念在水运工程施工中的应用模式[J].水运工程,2017,(S1)(529):6-10.

[2] 陈艳琼.智慧监理在工程中的应用探讨[J].福建建材,2019,233(11):105-106.

[3] 刘磊."互联网+"在构建智慧工地中的应用研究[J].中国管理信息化,2019(6):62-63.

[4] 郭晓春."物联网+"下的智慧工地项目发展探索[J].智城建设,2019(6):32-33.

[5] 王丽佳.基于BIM的智慧建造策略研究[D].宁波:宁波大学,2013.

[6] 王小龙.建设工程数字化管理体系研究[D].北京:北京交通大学,2010.

[7] 许凤,谢东升,肖一羽.关于智慧建设相关概念和内涵的探讨[J].建设监理,2019(1):56-58.

[8] 张艳秋.智慧建造框架体系与标准化建造服务建模[D].武汉:华中科技大学,2016.

[9] 丁浩,潘勇,蔡爽."云友"公路隧道养护管理智能云平台的开发及应用[J].公路,2017(11):254-257.

[10] 毛海东.大数据背景下的城市道路养护管理研究[J].市政技术,2019(2):45-46+109.

[11] 殷亚君.大数据时代基于物联网技术的智慧高速公路研究[J].中国建材科技,2019(4):112-115.

[12] 朱合华,李晓军,陈雪琴.基础设施建养一体数字化技术(1)——理论与方法[J].土木工程学报,2015(4):99-110+123.

[13] 任成飞.桥梁巡检养护管理系统的开发与大数据分析[D].西安:长安大学,2017.

[14] 丁烈云.数字建造导论[M].北京:中国建筑工业出版社,2019.

[15] 交通运输部.交通运输部关于推动交通运输领域新型基础设施建设的指导意见,2020-08-24. http://www.benbu.gov.cn/public/content/45996691.

第一篇

基础篇　数字技术基础知识

第2章　数据采集与传输

 学习导读

　　本章主要介绍数字技术与土木工程信息化中各种数据采集与获取的技术和方法。在学习过程中,需要熟悉工程测试和工程物联网监测数据获取的整个过程;了解各种检测、测绘、监测、勘察等专业仪器设备和技术,以及多种通信技术相关知识。

2.1　概述

2.1.1　背景

　　工程信息数据的准确采集与反馈是确保工程建设质量、生产安全、有效实施监控管理的重要因素。面对建设工地面积大、建筑结构复杂、人员多、设备物资分散、管理作业流程琐碎等特点,采用传统的人工巡视、纸笔记录的信息获取方式早已无法满足大型项目建设和基础设施监控管理需求。当今时代科技飞速发展,智能传感器、视频监控设备、智能手机、无人机、全球导航卫星系统(GNSS)、各种专业检测设备和无线通信等技术不断进步,极大地提高了我们的信息数据获取能力和获取数据的准确性、时效性、便捷性。在工程建设和基础设施养护管理过程中,将各种先进的信息获取技术应用于工程建设和基础设施养护管理领域,利用信息化、网络化、智能化手段进行信息数据采集,创新监管模式是解决工程建设和基础设施养管中信息获取困难、监管手段落后等难题的必由之路。

2.1.2 数据采集的概念

数据采集(DAQ),又称数据获取,是指从传感器和其他设备中自动采集非电量或电量信号,送到上位机中进行分析、处理。数据采集技术广泛应用在各个领域,如视频摄像头、传感器、麦克风等都是数据采集工具。具体的采集方法有接触式和非接触式两种形式,检测元件也多种多样。但不论哪种方法和元件,均以不影响被测对象状态和测量环境为前提,以保证数据的正确性。

数据采集的目的是测量表面光亮(视频)、电压、位移、振动、温度、压力、声音等物理量。无论采集哪种数据,都需要将模块化硬件、应用软件和计算机结合。典型的数据采集系统整合了信号、传感器、激励器、信号调理、数据采集设备和应用软件等。检测设备数据采集流程图如图 2-1 所示。

图 2-1 检测设备数据采集流程图

能够实现数据采集的设备种类有很多,大致可以分为基于移动的设备(如专用检测设备、手机、手持电脑、无人机等)和基于固定的设备(如物联网)两类。

2.2 基于移动设备的数据收集

移动设备又称行动装置(Mobile Device)、手持装置(Handheld Device)等,通过它可以随时随地采集、访问、获得各种数据信息。智能手机,平板电脑(Pad),各种检测、测量设备等均属于移动设备。移动设备通常具有便携性、快速机动、适应性和扩展性强等特点,但同时也存在耗电量大、往往需要人工干预等缺点。

2.2.1 专用设备测量技术

目前工程上的专业测量、检测技术基本都是利用声、光、磁电及振动等特性来获取与待检测或待监测对象品质有关的内容、性质或成分等数据信息,依托这些技术定制的在特定工况使用的设备广泛应用于工程检测、监测等项目中。

依据设备所依托的技术手段或数据采集方式的差异,专用设备测量技术大体可分为波动振动类(包括冲击弹性波、超声波等)、电磁波类(包括雷达、红外线、可视光、射线等),以及其他类等。

一、波动振动技术

采用机械式激振让测试对象内部或者表面产生微小的扰动,利用振动传感器接收信号的方法称为冲击弹性波法,如图2-2所示为冲击弹性波检测仪。由于其具有能量大、测试距离远且适用于频谱分析等优点,正得到越来越多的应用。近年来采用多点检测的弹性波计算机断层扫描术(CT)和弹性波雷达(Elastic Wave Radar,简称EWR)等可视化技术得到了飞跃式发展。

图2-2　冲击弹性波检测仪

超声波法与弹性波法类似,但其激振的方式和激发的信号频率有很大区别。超声波检测仪采用压电式晶体进行激振和接收,激发的信号频率超过20kHz,如图2-3所示。该方法具有波长短、分辨率高等特点,在小型构件和金属构件检测中应用广泛。

图2-3　超声波检测仪

二、电磁波技术

1.地质雷达

地质雷达(图2-4)以超高频电磁波作为探测场源,由一个发射天线向地下发射一定中心频率的电磁脉冲波,另一天线接收地下不同介质界面发生的反射波;电磁波在地基或工程结构内部传播时,其传播的时间、电磁场强度和波形随地基或结构的介电常数及几何形态的差异产生变化,根据接收的回波时间、幅度等信息可检测地基和工程结构的地层、缺陷和位置信息。

图2-4　地质雷达

2.合成孔径雷达

合成孔径雷达(SAR)(图2-5)是一种高分辨率成像雷达,可以在能见度极低的气象条件下得到类似光学照相的高分辨雷达图像。利用雷达与目标的相对运动,把尺寸较小的真实天线孔径用数据处理的方法合成较大的等效天线孔径,从而大大提高分辨率。合成孔径雷达能全天候工作,有效识别伪装和穿透掩盖物,在民用与军用领域发挥着重要作用。

三维变电站——
(三维激光扫描)
三维激光建模

3.三维激光扫描

三维激光扫描技术又称实景复制技术,其通过高速激光扫描测量的方法,大面积、高分辨率地快速获取被测对象表面的三维坐标数据,进而快速、大量地采集空间点位信息,为快速建立物体的三维影像模型提供了一种全新的技术手段,具有快速性、不接触性、实时、动态、主动性、高密度、高精度,数字化、自动化等独特优势。三维激光扫描仪如图2-6所示。相关资源见三维激光建模二维码。

图2-5　合成孔径雷达

图2-6　三维激光扫描仪

4.智能全站仪

目前使用的绝大多数测量仪器,其操作均由测量员手工完成,其操作技能是通过长期实践获得的,测量精度与观测员的操作技能有很大关系,并且这种操作劳动强度比较大。为此,智能全站仪正逐渐代替传统的人工方式。智能全站仪又称测量机器人,是一种集自动目标识别、自动照准、自动测角与测距、自动目标跟踪、自动记录于一体的测量平台。其具备的电动机驱动、自动照准功能可以消除不同测量员的人为测量误差,减少测量员的工作量,而且高速、自动扫描和识别棱镜,可大大提高工作效率。

目前国外的 Leica(徕卡)、Topco(拓普康)、Sokkia(索佳)、Zeiss 等品牌以及国内的多个公司均推出了该类设备,如图2-7、图2-8所示。

图2-7　自动照准识别棱镜示意图

图 2-8   智能全站仪

2.2.2   移动个人计算机测量技术

移动个人计算机主要包括工业个人计算机(Industrial Personal Computer,简称 IPC)和单片计算机两大类。IPC 功能强大,但体积大、功耗高、价格贵;单片计算机则相反,但功能相对较单一。因此,可以根据不同的用途来选用。在工程测量、检测和监测领域,通过移动 PC 设备进行现场数据采集、处理、分析,可大大提高工作效率和自动化程度。

一、IPC

IPC 是一种加固的增强型个人计算机,也叫工控机(图 2-9),其具有计算机的属性和特征,如工控机具有中央处理器(CPU)、硬盘、内存、外设及接口,并有操作系统、控制网络和协议、计算能力以及友好的人机界面。由于 IPC 往往在特殊环境下运转或长时间开机,例如,生产线自动化设备、电信机房的数据交换机、监控设备、企业的网络安全伺服器等,必须长时间连续稳定运作而不能宕机,故对所用电脑系统稳定性要求特别严格。相关资源见智能全站仪二维码。

智能全站仪
(索佳 ix)

图 2-9   工控机

因 IPC 工作环境的特殊性及复杂性,其与普通计算机相比具有以下特点:

(1)可靠性。IPC 能在粉尘、烟雾、高/低温、潮湿、振动、腐蚀环境下稳定运行,并具有良好的维护性。

(2)实时性。IPC 通常具有遇险自复位功能,以保证系统的正常运行。

（3）扩充性。工业 PC 由于采用底板＋CPU 卡结构，因而具有很强的输入/输出功能，最多可扩充 20 个板卡，能与工业现场的各种外设、板卡（如与车道控制器、视频监控系统、车辆检测仪）等相连，以完成各种任务。

二、单片机/卡片式电脑

单片机是一种集成电路芯片，是采用超大规模集成电路技术把具有数据处理能力的中央处理器、随机存取存储器（RAM）、只读存储器（ROM）、多种输入输出（I/O）口和中断系统、定时器/计数器等功能[可能还包括显示驱动电路、脉宽调制电路、模拟多路转换器、模数转换（A/D）器等电路]集成到一块硅片上，构成一个小而完善的微型计算机系统，具有小型、成本低、功耗低等特点，在数据采集中有非常广阔的用途。最具代表性的是 Arduino 和树莓派（Raspberry Pi）。

Arduino 是一款便捷灵活、方便上手的开源电子原型平台，由一个欧洲开发团队（主要为 Massimo Banzi、David Cuartielles 等）于 2005 年冬季开发。Arduino 能通过各种各样的传感器来感知环境，并可反馈、影响环境，具有跨平台、简单清晰、开放性等特点，它不仅是全球最流行的开源硬件，也是一个优秀的硬件开发平台，越来越多的软件开发者使用 Arduino 进入硬件、物联网等开发领域。

树莓派则由注册于英国的慈善组织 Raspberry Pi 基金会开发，剑桥大学的 Eben Upton 为项目带头人，于 2012 年 3 月首次推出，到 2019 年已经发展到第 4 代。树莓派外形只有信用卡大小，却具有电脑的所有基本功能。树莓派 model B＋如图 2-10 所示。相关资源见树莓派二维码。

树莓派

图 2-10　树莓派 model B＋

树莓派 model B＋是一款基于异步响应方式（ARM）和 Linux 的微型电脑主板，以 SD/Mi-croSD 卡为内存硬盘，卡片主板周围有 1/2/4 个通用串行总线（USB）接口和一个 10/100 以太网接口，可连接键盘、鼠标和网线，同时拥有视频模拟信号的电视输出接口和 HDMI 高清视频输出接口，以上部件全部整合在一张仅比信用卡稍大的主板上，并具备所有 PC 的基本功能，只需接通电视机和键盘，就能执行如电子表格、文字处理、玩游戏、播放高清视频等诸多功能。

2.2.3　智能手机测量技术

随着集成芯片、无线通信网络及系统软件的迅猛发展,手机由以前以电话通信为主的功能机发展到现在以用户体验、用户个性服务为主题的智能手机,已成为人们日常生活中不可或缺的一部分。

智能手机本身具有信号采集模块和无线数据传输模块,因此,其与数据采集和传输的智能硬件之间具有极强的可拓展空间。智能手机也是一种性能强、兼容性高的数据采集平台,并在各个领域都得到越来越广泛的应用。

一、音频数据采集模块

智能手机音频接口在声音信号采集、信号通信上具有低功耗、低成本、通用性好等诸多优点。手机音频接口和外设硬件的双向稳定通信是智能硬件通信方式的一大进步。智能手机音频信号采集模块在工程领域的应用大致可以分为音频信号采集分析、语音信号交互两类。其中手机声频检测技术、智能语音交互等都是具有代表性的应用技术。

1.基于智能手机的声频检测技术

在工程检测中,敲击法(也称打声法、声振法),即通过敲击判定混凝土表层是否存在缺陷。手机声频检测技术就是通过智能手机的麦克风或者外置麦克风来采集人工敲击产生的振动信号,并通过智能手机对信号进行解析从而给出判定结果。

2.智能语音交互

智能语音交互模式是一种基于语言输入及识别的新一代交互模式,智能语音交互系统的基本架构是以终端设备(例如智能手机)的语音音频输入功能采集信号,再由语音识别算法进行语音识别,识别成功后将操作指令发送给相应的业务模块。智能语音交互已经从早前的语音转文字发展到现在智能手机内部配置的语音助理 siri、小爱等一系列智能语音交互助手,智能语音交互技术在日常生活中得到广泛应用,正逐步服务于智能穿戴设备、智慧汽车、智能机器人及智慧工地等领域。

二、图像采集模块

智能手机自面世以来便具有相机功能,近年来手机摄像功能无论从硬件方面还是软件处理方面都取得了飞跃式的发展,主流的智能手机相机像素均达到了千万级别。智能手机摄像头如图 2-11 所示。

伴随着智能手机相机照相和摄像技术的提升,基于智能手机图像处理开发系统得到了广泛应用。在工程现场管理中,手机摄像功能可以用于工程现场的监督管理,并且可以实现对违规现象进行拍照上传。基于智能手机的混凝土裂缝识别效果图如图 2-12 所示。

目前在智能手机平台上开发的基于图像处理的混凝土结构表面裂缝识别、智能水位监测等软件已进入使用阶段。此外,智

图 2-11　智能手机摄像头

能手机携带方便,具有无线通信功能等优点,因此,基于智能手机的图像处理应用具有广阔的

发展前景。

图2-12　基于智能手机的混凝土裂缝识别效果图

三、卫星定位模块

卫星定位技术是一种能够实时为用户提供位置信息的技术(第2.5节将对此进行详细介绍)。智能手机内含卫星定位模块,随着智能手机的普及,地理位置服务已经成为移动互联网时代的基本服务。手机卫星定位在土木工程信息化领域方面的应用包括以下两个方面。

1. 智慧工地中的人员定位管理系统

基于卫星定位技术开发的人员定位管理系统是土木工程信息化管理领域重要的组成部分,智能手机平台搭载的卫星模块使得这一技术有着超高的普及度。工程施工现场是一个较为封闭的区域,也是事故高发区,因此,对现场人员的管理需要十分严格。传统的填表制作耗费人力,并且无法掌握现场人员的具体动态及位置,这对于工程施工现场来说存在安全和管理隐患。因此,在智慧工地的建设中,引入手机卫星定位系统,可以实时掌握施工现场人员的分布,更加高效地对现场人员进行调控管理。

2. 智慧管理中的定位考勤系统

考勤是企业管理工作中重要的组成部分,传统的纸质考勤方式管理效率低下,指纹考勤及人脸识别考勤等虽然效率较高,但是作为企业而言需要额外购买硬件设备,并且接触式的考勤方式需要做好公共卫生防护。因此,非接触的考勤打卡管理方式逐渐成为主流,通过手机内置的卫星模块,可以很轻松地对员工位置进行定位,再通过各自手机上的管理软件来进行打卡,这样既可以实现非接触式打卡考勤,同时又可以有效避免"代考勤、伪考勤"现象,提升企业管理效率。

2.3　基于物联网设备的数据采集

物联网是指通过信息传感器、射频识别技术、卫星定位系统、红外感应器、激光扫描器等各种装置与技术,实时采集任何需要监控、连接、互动的物体或其过程中的声、光、热、电、力学、化学、生物、位置等各种有用的信息,接入网络并实时分析和控制,从而实现对物品和过程的智能化感知、识别和管理,任何时间、任何地点人、机、物都能互联互通。

将物联网相关各种数据采集技术应用于土木工程建设和养管过程中,可以极大地提高获取数据的能力和广度。工程物联网数据采集结构图如图2-13所示。

图2-13 工程物联网数据采集结构图

2.3.1 传感器

传感器是摄取被测物信息的关键器件,它与通信技术、计算机技术构成了信息技术的三大支柱,是当今物联网技术获取信息的必要手段。工程监测传感器由于需要长期放置在环境恶劣的现场,所以在封装、采集方式与安装方法上给予了其特殊的属性。

一、传感器分类

根据国家标准《传感器通用术语》(GB/T 7665—2005),传感器的定义为:能感受规定的被测量元件并按照一定的规律(数学函数)转换成可用信号的器件或装置,通常由敏感元件和转换元件组成。可以将传感器比喻成人类五大感觉器官:光敏传感器——视觉;声敏传感器——听觉;气敏传感器——嗅觉;化学传感器——味觉;压敏、温敏、流体传感器——触觉。

1. 按用途分类

按照使用的用途不同,传感器可以分为加速度传感器、速度传感器、射线辐射传感器、温度传感器、湿度传感器、位移传感器、流量传感器、液位传感器、力传感器、转矩传感器等类型。

2. 按原理分类

按照原理不同,传感器可以分为振动传感器、湿敏传感器、磁敏传感器、气敏传感器、真空度传感器、生物传感器、电学式传感器、光学式传感器、电势型传感器、电荷传感器、半导体传感器、谐振式传感器等类型。

3. 按输出信号分类

按照输出的信号类型不同,传感器可以分为以下 4 种类型:

（1）模拟传感器:将被测量的非电学量转换成模拟电信号。

（2）数字传感器:将被测量的非电学量转换成数字信号。

（3）膺数字传感器:将被测量的信号量转换成频率信号或短周期信号。

（4）开关传感器:当一个被测量的信号达到某个特定的阈值时,传感器相应地输出一个设定的低电平或高电平信号。

二、常用传感器

土木工程长期监测领域常用的传感器主要包括以下 6 类。

1. 静力水准仪

静力水准仪是依据连通管原理制造的一种监测结构竖向位移的传感器,又称连通管水准仪,其主要用于监测结构、坡面、地表的竖向位移或沉降变化。使用时,各传感器容器使用连通管连接,注入一定量的液体,并保证其可自由流动。由于各容器的液面始终保持在同一水平面,但各个容器中的液体深度并不相同,液体的深度差反映了各个容器所在的各个参考点的高程不同。当容器液位发生变化时即被传感器感应,可计算出各个静力水准仪所在位置的相对差异沉降,如图 2-14 所示。

图 2-14　静力水准仪

2. 基于弦振动的应力应变传感器

弦振动法监测构件应力的基本原理是:在被测构件的适当部位固定两短立柱作为弦的两个支点,在两支点间固定一根耐久性和防腐性均良好的弦。当在现场进行测试时,利用便携式应力测试仪可让振弦产生激振,然后测定出激振后弦的固有频率,并根据弦振动频率和被测构件应力之间的函数关系来计算并显示出构件的应力值,如图2-15所示。

图2-15　基于弦振动的应力应变传感器

3. 激光测距仪

激光具有高亮度、高定向性及高单一性的特性,可以用于如下参数的测试。

1)激光测距

激光测距的原理很简单,即将激光对准目标发射出去,测量其往返时间再乘以光速然后除以2就可测得距离。该方法在测试距离、测量精度等方面都有很大的优势。激光测距仪如图2-16所示。

2)激光测振

激光测振是基于多普勒原理来测量物体的振动速度。利用波源和观察者之间有相对运动,使观察者感到频率发生变化的现象,称为多普勒效应。如果两者相互接近,观察者接收到的频率增大;如果两者远离,观察者接收到的频率减小。所测频率与波源的频率之差称为多普勒频移。仪器通过光检测器测得此频移,再经过后期处理即可得到被测对象的振动速度。

4. 温湿度传感器

温度与湿度数据是工程结构健康监测系统中的重要监测参数。温度传感器种类较多,而且精度较高,常用的有电容式、热电偶式、电阻式、红外线、半导体等。湿度传感器有电容式、电解质、超声波湿度传感器等。

在工程结构健康监测系统中,环境温湿度监测通常使用电容式温湿度传感器,如图2-17所示。

图 2-16　激光测距仪　　　　　　　　图 2-17　温湿度传感器

5. 雨量计

降水量是一种重要的气象要素,实时掌握监测结构所处环境的降水情况对边坡、基坑、道路等结构的运营安全都具有重要的意义。目前工程中常用的是翻斗式雨量计(图 2-18),其将降雨量转换为以开关量形式表示的数字信息量输出,以满足信息传输、处理、记录和显示等需要。相关资源见翻斗式雨量计二维码。

图 2-18　翻斗式雨量计

翻斗式雨量计

6. 倾角传感器

倾角传感器(图 2-19)是一种用来测量相对于水平面倾角变化量的加速度传感器,其基本原理是运用牛顿第二定律,通过积分的办法推算被测结构物的位移和倾角。从工作原理上倾角传感器可分为固体摆式、液体摆式和气体摆式三种。

图 2-19　倾角传感器

2.3.2　图像数据采集

图像数据采集依靠视频图像采集设备,收集所需的工程现场图像及其视频流序列。图像分析主要依靠计算机视觉技术,能够从原始的视频数据中提取出符合人类认知的语义理解,即希望计算机能和人一样自动分析、理解视频数据。

一、图像数据来源

借助视频图像采集设备所获取的图像数据,主要来自对静态图像和动态图像的采集。

1. 静态图像采集

以工程建设为例,利用视频图像采集设备,如相机、手机、无人机等所拍摄的静态图片数据,或从视频录像中截取的静态图片序列等方式获得静态图像数据。

2. 动态图像采集

在工程建设中,利用监控等视频采集设备可以获得丰富的视频资源,再通过计算机相关视觉技术在视频中按需求自动识别并提取图像数据,分类保存,以此得到信息内容更加丰富的图像数据。动态图像采集是目前智慧监管在图像识别领域的研究及应用热点。

二、图像数据的分析方法

图像数据采集是视频图像处理过程的底层步骤,主要解决"目标在哪里"的问题。即从视频图像采集终端获取图像序列,对感兴趣目标进行检测和跟踪,形成目标图像数据集,为后续语义场景、行为分析等高层应用提供数据基础。图像检测和跟踪所用的算法主要有以下 4 类。

1. 目标检测算法

目标检测算法可以从视频或者图像中发现感兴趣目标,记录目标轮廓及在当前帧所处的位置,由此截取和存储图像数据,为后续深度学习提供训练素材,是计算机视觉任务的基础。常用的目标检测算法有 Fast R-CNN、R-FCN、YOLO、SSD 和 RetinaNet 等。一般基于深度学习,经过训练得到分类器,让分类器在图像视频中作滑动窗口扫描并判断窗口是目标还是背景,最终得到感兴趣目标的位置及大小,如图 2-20 所示。

2. 目标跟踪算法

目标跟踪算法是指跟踪视频序列中感兴趣目标的位置变化,并记录感兴趣目标的运动轨迹,为后续的事件分析和行为分析奠定基础。目标跟踪的大致流程是基于卷积神经网络,使计算机自主学习得出所需采集的目标特征,由目标检测算法检测得出目标所在位置,并为识别出的目标建立唯一身份标识,最终完成对各种目标对象的跟踪记录,如图 2-21 所示。

图 2-20　基于目标建模的目标检测(围框)　　　　　图 2-21　目标跟踪

3. 目标分类与识别算法

目标分类与识别算法是将无标签图像数据变为已标注类标签的图像数据,得到标签的图像数据可作为其他深度学习神经网络的训练素材,使数据处理更加快速和智能。

4. 行为分析算法

行为分析算法旨在建立更加智能的计算机视觉系统,让计算机像人类视觉系统一样,理解目标主体在"做什么"。

三、建设工程中智能视频监控的应用

基于对建设工程管理工作的应用场景进行探索,使用计算机视觉相关技术,把收集到的视频图像数据集成开发形成上层管理应用,并以可视化和智能化的方式进行智能视频监控,以此来创新物联网时代下的工程建设及管理方式。智能视频监控的应用领域极为广阔,典型的应用场景有以下两种。

1. 在工程安全管理中的应用

(1)以人脸识别为基础,可以构建人员身份识别、设备权限获取等方面的系统应用,构建数字化人员安全管理系统。

(2)以人脸表情识别为基础,可以构建人员睡意监测等方面的应用,避免建设人员疲劳作业。

(3)以设备物体识别为基础,可以构建安全装备检查、车辆出入权限管理等相关应用,对接近施工危险区域(如洞口、基坑、高空坠落事故多发区)的示警,以及塌方检测等。

2. 在工程结构缺陷检测中的应用

近年来,在利用图像识别技术对工程结构缺陷进行检测的应用探索中,以结构裂缝检测、结构渗水、路面破损识别和检测等为代表的智慧监管应用引起了人们的广泛关注并逐步投入到工程实践中。

2.4　基于无人机的数据采集

无人机全称无人驾驶飞行器(UAV),广义上为不需要驾驶员驾驶的飞机。与传统飞机相比,其具有操作成本低、运用弹性大及支援装备少等特性。随着技术的不断进步和成本的不断降低,近年来,无人机的应用呈爆发性增长。

在土木工程领域,主要使用无人机进行低空摄影。土木工程施工现场往往因环境复杂,存在施工过程观察不便、施工局部环境信息获取困难等问题。采用无人机系统作为工程施工现场数据采集和管理的平台,通过航拍获取图像数据,然后将施工现场全场要素信息进行三维实景重构,进而监督施工现场的施工进度、材料堆放状态、安全通道是否畅通等,为施工管理人员指挥现场工作提供依据,实现工程各施工节点的全局定位、联合管理和安全监督。

2.4.1　无人机摄影测量构建三维模型基本原理

无人机所采集的航拍图像中包含影像信息和方位信息,通过对这两方面的信息进行数据处理,可构建现场三维模型并作为管理的基础。其主要处理步骤如图 2-22 所示。

1. 影像预处理

三维航拍影像的预处理包括图像的畸变校正和匀光匀色处理。航拍图像主要受相机系统安装误差和镜头畸变的影响,使所拍摄的图像存在主点偏移及图像边缘畸变,因此,需要通过相机的内方位元素对相机进行畸变校正。另外,由于光照条件等的影响,会导致航拍的图像之间存在颜色、对比度、明暗等方面的差异,需要对图像进行匀光匀色处理。

2. 空中三角测量联合平差

由无人机搭载相机云台采集目标物不同角度的多视影像,经多视影像联合平差来保证平差结果精度。多视影像联合平差是基于多视图的几何原理,结合无人机定位测姿系统(POS)提供的外方位元素,充分考虑了不同镜头影像间的联系和遮挡关系匹配获取同名点,建立误差方程,联合解算以保证平差精度。

图 2-22　航拍图像的主要处理步骤

3. 多视角影像特征点识别与匹配

多视影像数据是包含目标物的多个视角下的图像信息,包含目标物侧面和顶面的全方位信息。基于无人机定位系统记录像机曝光时的位置信息,在多视角相邻航拍图像的重叠区域进行同名点的提取匹配。利用多视影像视角广、可采集大范围图像信息的优点,将多张航拍影像同时进行匹配,以增加观测量,提高匹配精度,并且利用多基元互补,例如像方基元与物方基元,以减少影像的匹配错误率,减少信息盲区。

4. 三维表面重建

由于三维实景重构模型的本质为网络面模型,且计算得到的点云均具有位置信息,所以,基于特征点匹配计算得到的是目标建筑物的密集点云,借此可建立规则和不规则三角网,通常用区域增长算法建立不规则三角网表面,用以实现目标建筑物、地形等三维结构的整体表达。

5. 三维模型纹理自动映射

在三维的三角网白模上建立与二维纹理的对应关系,并将二维图像上的颜色与灰度信息映射到三维模型,实现三维模型的真实彩色效果。计算过程中是根据模型面角点的物方坐标计算模面在每张影像上的投影点坐标,经筛选计算出纹理投影坐标,实现纹理映射。

无人机航拍在建设工程中应用很广,通过施工现场的三维实景模型,一方面可服务于现场文明施工管理,例如施工材料是否规范摆放,消防安全通道是否存在障碍物,交通安全设施布置是否满足设计及规范要求等;另一方面,利用高精度三维模型,还可服务于工程实体的施工质量安全管理,例如桥梁结构构件的变形监测、边坡变形监测等。

2.4.2 利用无人机影像构建三维模型的具体流程

下面结合某边坡的变形监测,对无人机影像构建三维模型的流程进行讲解。

1. 控制点布置

标志牌的摆放位置为高边坡左侧,沿碎落台摆放,间隔为 5 ~ 15m,摆放位置为 5 ~ 8 级边坡碎落台,具体摆放位置如图 2-23 所示。

图 2-23　标志牌布置设计与摆放

2. 控制点坐标测量

采用全站仪等设备测量经纬度坐标、高程等。现场控制点测量如图 2-24 所示。

图 2-24　现场控制点测量

2.4.3 航线规划与影像采集

航线规划对摄影质量有很大影响,通常需要利用软件进行航线规划。其中,Altizure 软件是一款优秀的飞控及航线软件,支持 DJI 等多款型号的无人机。飞行前需要在软件提供的地图上规划需要建模的航拍区域,设定飞行高度、影像重叠度及相机倾斜角度等参数,软件会自动生成 1 次正摄和 4 次倾斜摄影的飞行路线,并能预估飞行时长,且能实现智能续飞。

在图 2-25 中,中间航线(图中 4 圆点间的正方形区域)用于获取正摄影像,上、下、左、右航线分别获取倾角为 40° 的南、北、东和西 4 个方向的多视影像。试验飞行航高为 60m,航向与旁向重叠度均为 80%,8 个航次耗时 120min,共获取研究区 421 张影像。多视影像清晰可见,不仅显示建筑物顶面信息,还包含丰富的侧面纹理,为后续三维模型建立及纹理提取奠定了数据基础。

图 2-25 航线设计

2.4.4 三维模型构建

1. 空中三角测量

空中三角测量是三维重建中最基础的步骤,从多视影像中提取大量特征点,同时结合影像的卫星位置信息利用高效匹配算法进行特征点的快速匹配。在此基础上,利用迭代光束平差过程生成研究区的稀疏点云,并同时求解相机的内、外方位元素,完成空中三角测量,如图 2-26 所示。相关资源见无人机三维建模二维码以及无人机线路勘察设计二维码。

无人机三维建模　　无人机线路勘察设计1　　无人机线路勘察设计2　　无人机线路勘察设计3

图 2-26 空中三角测量结果

2. 密集匹配与模型构建

由于初始匹配得到的点云过于稀疏,无法构建高精度的模型,所以需要对点云进行扩展、滤波和优化,以获得加密点云。首先,利用密集匹配技术将稀疏点云扩展到相邻像素,得到密集点云;其次,通过滤波算法剔除存在于地物模型内、外部的误差点,优化结果;最后,根据地物复杂度对密集点云进行删减优化,并构建不同尺度下的三角网,获得优化后的模型如图 2-27 所示。

3. 纹理贴合

纹理贴合对提高多视影像的拼接质量非常有效。首先,对三维模型和纹理影像配准,通过摄影测量的计算机视觉原理,建立空间地物点到各影像的投影关系,从而确立模型中各三角形与多视影像的投影关系,筛选出面积最大、效果最优、无遮蔽的目标影像;然后,将其反投影到模型的三角面上,实现三维模型的纹理贴合;最终,反演出被监测边坡的三维模型,如图 2-28 所示。

图 2-27　加密点云与 DSM 模型	图 2-28　三维模型成果

2.4.5　结果及分析

采用上述方法,对该边坡定期进行观测,图 2-29 中的两个图将两个不同日期的地形数据进行了对比。通过对比,我们可以识别该时间段边坡变形的情况,识别分析结果如图 2-29 所示。从图中可以发现,前后两次测量得到的上部 4 级边坡形状没有明显改变,边坡变形在控制范围内。

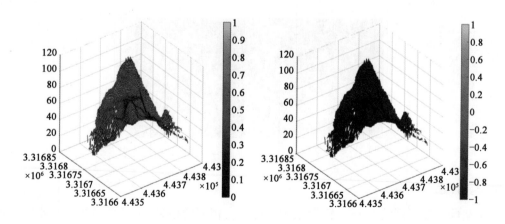

图 2-29　边坡变形分析结果

2.5 基于卫星定位的信息采集

在日常生活中,如导航、航空、航海等都会大量用到定位信息。在工程上,特别是一些对重要物体移动轨迹比较重视的应用场景下,定位信息也十分重要。

2.5.1 定位系统及原理

定位信息离不开卫星导航系统,目前全球导航卫星系统共有 4 个,分别是美国的 GPS、欧洲的 Galileo、俄罗斯的 GLONASS 和我国的北斗导航卫星系统(BDS)。

卫星导航系统实现定位的主要原理是测量出已知位置的卫星到用户接收机之间的距离,然后综合多颗卫星的数据就可确定接收机的具体位置。

北斗导航卫星系统是我国自行研制的全球卫星导航系统,由空间段、地面段和用户段 3 部分组成,可在全球范围内全天候、全天时为各类用户提供高精度、高可靠定位、导航、授时等服务,如图 2-30 所示。

图 2-30 BDS

1. 北斗导航卫星系统的特点

(1)北斗导航卫星系统空间段采用 3 种轨道卫星组成的混合星座,与其他卫星导航系统相比高轨卫星更多,抗遮挡能力强,尤其在低纬度地区性能优势更为明显。

(2)北斗导航卫星系统提供多个频点的导航信号,能够通过多频信号组合使用等方式提高服务精度。

(3)北斗导航卫星系统创新融合了导航与通信能力,具备定位导航授时、星基增强、地基增强、精密单点定位、短报文通信和国际搜救等多种服务能力。

2. 北斗导航卫星系统的发展

北斗导航卫星系统的发展经历了以下 3 个阶段:

第一阶段:建设北斗一号系统。1994 年,启动北斗一号系统工程建设;2000 年,发射 2 颗地球静止轨道卫星,建成系统并投入使用,采用有源定位体制,为中国用户提供定位、授时、广域差分和短报文通信服务;2003 年发射第 3 颗地球静止轨道卫星,进一步增强系统性能。

第二阶段:建设北斗二号系统。2004 年,启动北斗二号系统工程建设;2012 年底,完成 14 颗卫星(5 颗地球静止轨道卫星、5 颗倾斜地球同步轨道卫星和 4 颗中圆地球轨道卫星)发射组网,实现为亚太地区用户提供定位、测速、授时和短报文通信服务。

第三阶段:建设北斗三号系统。2009 年,启动北斗三号系统建设;到 2020 年 6 月 23 日,完成最后一颗组网卫星发射,实现 30 颗卫星发射组网,全面建成北斗三号系统。能够为全球用户提供基本导航(定位、测速、授时)、全球短报文通信、国际搜救服务,中国用户还可享有区域短报文通信、星基增强、精密单点定位等服务。

北斗导航卫星系统促进了我国卫星导航产业链的形成,形成了完善的国家卫星导航应用产业支撑、推广和保障体系,推动了卫星导航在国民经济社会各行业的广泛应用(其在个人位置服务、气象应用、道路交通管理、铁路智能交通、海运和水运、航空运输、应急救援、农牧业等诸多领域均发挥着重要的作用。)BDS 对国家安全保障、社会经济发展、科学技术储备和进步都有着重要的意义。

2.5.2 高精度定位信息及应用

由于大气层的干扰,卫星到用户接收机的距离测量误差会非常大。例如,单纯用一块卫星接收装置(如手机),其对位置的定位误差在数米乃至数十米。

在工程应用中为了得到高精度的定位信息,需要借助更加精密的定位技术,其中比较重要的方法是差分处理技术。差分处理技术是将一台卫星接收机安置在基准站上进行观测,根据基准站已知精密坐标与卫星接收机计算坐标之间的相对误差计算修正量。用户接收机在进行卫星观测的同时,也接收到基准站发出的修正量,并对其定位结果进行改正,从而提高定位精度。

实时动态(RTK)载波相位差分技术是一种新型卫星定位测量方法,其测量示意图如图 2-31 所示。该方法将基准站采集的载波相位发给用户接收机,利用用户接收机和流动站的相位来求差解算被测目标的坐标。RTK 能够在野外实时得到厘米级的定位精度,极大地提高了作业效率,是卫星定位应用的重大里程碑。基站 RTK 技术具有覆盖面广且在山区也适用的特点,但 RTK 技术需要导入基站,费用较高。

图 2-31 RTK 测量示意图

相比 RTK 技术,千寻网络差分无须基站而采用千寻已有基站,模块通过接入 4G 物联网卡,从千寻服务器获取基站数据并进行差分。该方式成本较低,但在山区、荒漠等区域一般不适用。

一、系统组成

RTK 系统主要由一个参考站(基准站)和若干个流动站组成,如图 2-32 所示。

图 2-32　RTK 系统组成

二、RTK 技术中的差分方式

RTK 差分计算有两种方式:一种是采用本地差分,该方式需要在场地附近建立基站。移动站作为测量设备,通过电台与基站进行本地差分,差分比较稳定且适用范围广,但由于需要架设基站,会增加整体系统的成本。另一种是采用网络差分,这种方式不需要在本地架设服务器,而是通过移动网络与差分服务器(如移动通信基站)进行差分,定位精度同样能达到厘米级,甚至是毫米级。

网络差分技术需要接入网络差分服务器提供商,目前网络差分服务器提供商中,千寻的定位技术比较成熟,在较大范围内都能提供高精度的定位服务。其基于北斗卫星导航系统(兼容 GPS、GLONASS、GALILEO)基础定位数据,利用遍及全国的超过 2200 个地基增强站及自主研发的定位算法,通过互联网技术进行大数据运算,为遍布全国的用户提供精准定位及延展服务。

三、高精度位置信息的应用

1. 在测量中的应用

传统的大地测量、工程控制测量采用三角网、导线网方法来施测,不仅费工而且费时,要求测点间通视,而且精度分布不均匀。而采用 GPS-RTK 进行控制测量,能够实时了解定位精度,可大大提高作业效率。与传统控制测量相比,GPS-RTK 测量具有效率高、误差累积少(各流动站之间不存在误差累积)等优点,在一些精度要求不太高的控制测量中被广泛应用。

2. GPS-RTK 在放样工作中的应用

放样是测量的一个应用分支,它要求通过一定方法采用一定仪器把人为设计好的点位在实地标定出来。过去多采用常规的放样方法,如经纬仪交会放样、全站仪的边角放样等,但生产效率都较低。GPS-RTK 技术放样仅需把设计好的点位坐标输入到电子手簿中,背着 GPS 接收机,它会提醒用户走到要放样点的位置,既迅速又方便。

3. GPS-RTK 在连续压实控制中的应用

在填方施工中,压路机的碾压轨迹(遍数、位置等)对工程质量有很大的影响。通过 GPS-RTK 技术,可实时监测压路机的轨迹,进而有效判断路基碾压施工是否合规,是否存在漏碾等情况,具体见本书第 5.2.2 节。

2.6 数据传输

在工程建设和养管过程中,将前端采集设备获取的数据及时、可靠、有效、稳定地传输到云端服务器,是保证后续数据分析、安全评估、准确预警、有效决策的重要环节。因此,选取与实际工程项目需求相匹配的数据通信技术,对于工程建设安全保障和实施有效管理有着重要意义。

数据传输系统主要包括通信网络和通信协议。

2.6.1 通信网络

在通信网络中,习惯把计算机、终端、通信处理器、传感器单元等设备抽象成点,把连接这些设备的通信通道抽象成线,进而形成网络(拓扑)结构。常见的网络(拓扑)结构有总线形、星形、环形和网状形等。

此外,计算机网络一般可分为物理层、数据链路层、网络层、传输层和应用层五层结构框架,此框架中的每一层都需要进行协议或者方法的选择。

2.6.2 通信协议

通信协议是数据传输网络的基础,协议的选择决定了数据传输的实时性和稳定性。

目前,对于网络层,无论互联网还是局域网均普遍使用互联网协议(IP)作为连接基础,每台计算机身处不同的网络中,均有自己独立的 IP 地址,对应每个 IP 地址最多可以有 65535 个虚拟通信端口(PORT)。人们通过合理设置 IP 地址和 PORT,可以在局域网中识别所需的数据采集单元,通过 PORT 建立数据连接就可以和数据采集单元建立一一对应的通信。

在传输层,主要可以选择的协议有用户数据报协议(UDP)和传输控制协议(TCP)。UDP 协议简单、无连接的特点使其有较高的传输效率;TCP 协议则具有可靠的、按序递交的传输特征,因而具有较高的可靠性和安全性。两种协议各有优势,其优势都是大型工程结构远程健康监测系统中需要的,因此,应根据不同的传输位置和目的混合使用两种协议。

对于传感器的数据通信,必须先将数据采集单元的各类通信口,如 RS-485、RS-232、USB、串口等的数据通过网络转化为 TCP/IP 网络数据,这些网络转化器不需要借助计算机而直接和数据采集单元相连。

在应用层,文件传送协议(FTP)和超文本传送协议(HTTP)是常见的用于数据传输的协议,其中 FTP 是 TCP/IP 协议组的协议之一,需要一个服务器和至少一个客户端。FTP 协议适合大文件的传输,不适合大量碎小文件的传输,因此,如果采用此方法进行系统传感器数据传输,需要数据被高度打包才能发挥协议优势。HTTP 协议则是为了解决网页超文本数据传输的协议,具有高效、可靠的特征。

对于数据协议,人们常采用自定义的二进制方法进行存储,可节约存储空间,增强传输效率。近年来也有数据存储协议标准被提出,其中可适用于结构远程健康监测系统的协议有简单对象访问协议、消息队列遥测传输、实时传输协议等,这些协议各有特点和优势,可根据具体应用需求进行选择。

2.6.3 通信技术

通信技术根据传输介质可分为有线通信和无线通信两种。

有线通信是指利用金属导线、光纤等有形媒质传送信息的技术。有线通信介质主要包括共轴线缆、双绞线、光纤等。

无线通信主要是利用电磁波信号在空间中传播而进行信息交换的通信技术,进行通信的两端之间无须有形的媒介连接。例如,可见光通信和量子通信技术均属于无线通信方式。

一般来讲,有线通信具有可靠性高、稳定性好等优点,缺点是其连接受限于传输媒介。而无线连接自由灵活,终端可以移动,没有空间限制,但可靠性受传输空间里的其他电磁波的影响,因而低于有线传输方式。

物联网通信技术也可划分为移动空中网、有线传输、传统互联网、近距离线传输等方式,如图 2-33 所示。

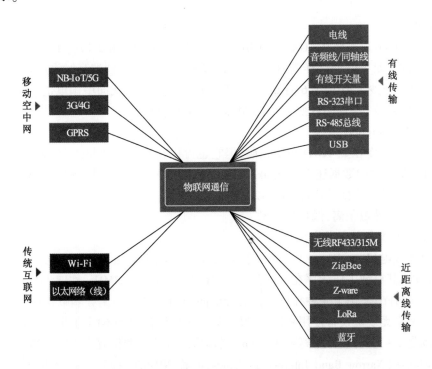

图 2-33　物联网通信技术分类

1. 有线通信技术

1)以太网

以太网是目前最普遍的一种局域网通信技术,它规定了包括物理层的连线、电子信号和介质访问层协议的内容。以太网使用双绞线作为传输媒介,在没有中继的情况下,最远可以覆盖200m 的范围,最普及的数据传输速率为 100Mb/s。

2)串口通信

串口也称串行通信接口(通常指 COM 接口),是一种通用的用于设备之间的通信接口,也广泛用于设备与仪器仪表之间的通信。常见的串口有 RS-232(使用 25 针或 9 针连接器)、工业电脑应用的半双工 RS-485 与全双工 RS-422 和 USB。

2. 无线通信技术

1)无线宽带(Wi-Fi)

无线宽带是一种基于 802.11 协议的无线局域网接入技术,其突出的优势在于它有较广的局域网覆盖范围,其覆盖半径可达约 100m;同时,其传输速度可以达到 11Mb/s 或更高,适合高速数据传输。此外,Wi-Fi 发射功率一般为 60～70mW,辐射较小,能耗也较低。

2)4G 网络

4G 通信具有非对称的超过 2Mb/s 的数据传输能力,数据率超过通用移动通信业务(UMTS),是支持高速数据率(2～20Mb/s)连接的理想模式,上网速度从 2Mb/s 提高到100Mb/s,且具有不同速率间的自动切换能力。4G 网络还具有网络频谱宽、通信灵活、兼容性好等特点。

3)5G 网络

5G 技术的峰值速率将从 4G 的 100Mb/s 提高到几十 Gb/s,可支持的用户连接数也大幅增长,可以更好地满足物联网这样的海量数据接入场景。同时,端到端延时将从 4G 的十几毫秒减少到 5G 的几毫秒。2019 年 6 月 6 日起,工业和信息化部正式向中国电信、中国移动、中国联通、中国广电发放 5G 商用牌照,中国正式加入 5G 商用元年。

4)蜂舞协议(ZigBee)

ZigBee 一般工作在 2.4GHz ISM 频段,但它也可以在 902～928MHz 和 868MHz 频段中使用。在 2.4GHz 频段中数据速率是 250kb/s。它可以用在点到点、星形和网格配置中,支持节点多达 216 个。其安全性是通过 AES-128 加密来保证的。ZigBee 技术的功耗比较小,通信距离也比较短,是一种短距离、低功耗技术。

5)远距离无线电和窄带物联网

远距离无线电(Long Range Radio,简称 LoRa)是由美国 Semtech 公司开发的一种低功耗局域网无线标准,其典型工作频率在美国是 915MHz,在欧洲是 868MHz,在亚洲是 433MHz。LoRa 的物理层(PHY)使用了一种独特形式的带前向纠错(FEC)的调频啁啾扩频技术。这种扩频调制允许多个无线电设备使用相同的频段,只要每台设备采用不同的啁啾和数据速率即可。其典型范围是 2～5km,最长距离可达 15km,具体取决于所处的位置和天线特性。

窄带物联网(Narrow Band Internet of Things,简称 NB-IoT)构建于蜂窝网络,只消耗大约180kHz 的带宽,可直接部署于全球移动通信系统(GSM)网络、UMTS 网络或长期演进技术

(LTE)网络,支持低功耗设备在广域网的蜂窝数据连接,也被叫作低功耗广域网(LPWAN)。NB-IoT 支持待机时间长、对网络连接要求较高设备的高效连接。

NB-IoT 和 LoRa 同为低功耗广域网(LPWAN)的技术,均适合于物联网远程监测,两者最大的区别在于运营模式不同。NB-IoT 是运营商建网,也就是说数据需要通过运营商的基站传输。而 LoRa 属于自建网,用户不仅需要 LoRa 模组,还需要相应的基站。由于 NB-IoT 和 LoRa 的功耗、成本相差不大(目前 LoRa 略微占优势),对于土木工程相关的监测,若在市内等通信条件较好的区域,NB-IoT 和 LoRa 均为可选项,而若在山区、野外等通信条件较差的区域,则 LoRa 显然更为适合。

上述各种通信方式均有其优缺点,应用过程中需要根据工程现场实际需求进行选择。

 习　题

一、知识训练

1. 简述数据采集的概念。

2. 简述数据采集系统的组成。

3. 简述冲击弹性波检测设备的优点。

4. 简述智能全站仪的概念。

5. 简述工控机的特点。

6. 智能手机数据采集主要功能有哪些?

7. 简述物联网的概念。

8. 简述传感器的概念。

9. 图像数据采集分析方法有哪些?

10. 智能视频监控在工程建设及管理中有哪些应用?

11. 简述无人机摄影测量构建三维模型的基本原理。

12. 简述无人机摄影测量构建三维模型的步骤。

13. 全球定位系统的种类有哪些?

14. 简述卫星定位系统的主要原理。

15. RTK 高精度定位技术在工程上的应用有哪些方面?

16. 数据传输系统主要包括哪两部分?

17. 通信技术根据传输介质可分为哪几类,其优缺点各有哪些?

18. 简述北斗卫星导航系统的特点。

二、拓展思考

1. 随着智能手机性能和通信技术的发展提高,智能手机在土木工程领域还可以有哪些更广泛的应用?

2. 深入理解物联网技术在土木工程中的应用,选择桥梁、隧道、建筑等其中一种工程结构,简述根据物联网技术对其进行养护管理数据采集和传输的应用,包括数据采集项目、传感器的选择、布设方式、数据传输方式选择。

本章参考文献

[1] 黄凯奇,陈晓棠,康运锋,等. 智能视频监控技术综述[J]. 计算机学报,2015,38(6): 1093-1118.

[2] Haritaoglu I,Harwood D,Davis L. W4S:A real time system for detecting and tracking people in 21/2D//Proceedings of the 3rd Intenet Conference on Automatic Face and Gesture Recognition [J]. Nara,Japan,1998:877-892.

[3] 张宇峰,李贤琪. 桥梁结构健康监测与状态评估[M]. 上海:上海科学技术出版社,2018.

[4] 徐争荣."互联网+"时代传统行业的创新与机遇分析[J]. 互联网天地,2015(5):1-5.

[5] 李宗恒,李俭伟. 主要智能手机操作系统发展现状及前景展望[J]. 移动通信,2010,34 (Z1):115-118.

[6] 温敏,艾丽蓉,王志国. Android 智能手机系统中文件实时监控的研究与实现[J]. 科学技术与工程,2009,9(7):1716-1719+1724.

[7] 曾卓乔. 一种不测定初始值的近景摄影测量微机程序[J]. 测绘学. 1990,19(4):298-306.

[8] 于承新,徐芳,黄桂兰. 近景摄影测量在钢结构变形监测中的应用[J]. 山东建筑工程学院学报. 2000(4):1-7.

[9] 王秀美,贺跃光,曾卓乔. 数字化近景摄影测量系统在滑坡监测中的应用[J]. 测绘通报. 2002(2):28-30.

[10] 寇新建,宋计棉. 数字化摄影测量及其工程应用[J]. 大坝观测与土工测试,2001,25(1): 33-35.

[11] 项鑫,王艳利. 近景摄影测量在边坡变形监测中的应用[J]. 中国煤炭地质. 2010,22(6): 66-69.

[12] 李彩林,张剑清,郭宝云. 利用近景摄影测量技术的滑坡监测新方法[J]. 计算机工程与应用,2011(3):6-8.

[13] 赵文峰,王斌,关泽群. 多基线近景摄影测量在边坡位移监测中的应用研究[J]. 工程勘察. 2014(5):68-71.

[14] 谭燕. 基于非量测数码相机的近景摄影测量技术研究[D]. 长沙:中南大学,2009.

[15] 王成亮. 基于普通数码影像的近景摄影测量技术研究与应用[D]. 长沙:中南大学,2006.

[16] 杨彪. 基于普通数字影像的近景摄影测量技术研究与应用[D]. 南京:河海大学,2004.

[17] 陈新. 非测量型彩色数码相机测量精度研究[D]. 郑州:解放军信息工程大学,2010.

[18] 刘子侠. 基于数字近景摄影测量的研究结构面信息快速采集的研究应用[D]. 长春:吉林大学,2009.

[19] 李天文. 现代测量学[M]. 2 版. 北京:科学出版社,2014.

[20] 张冠军. GPS RTK 测量技术实用手册[M]. 北京:人民交通出版社,2014.

第3章 数据分析与管理

学习导读

    本章首先介绍常见的经典数据分析方法和手段;其次介绍人工智能的概念、意义、发展历史及现状;最后结合人工智能在无损检测等方面的应用案例对无损检测基本理论、特点进行讲解。

    数据分析是指用适当的统计分析方法,从收集来的数据中提取有用信息且形成结论,并对数据加以详细研究和概括总结的过程。数据分析的数学基础早在20世纪早期就已确立,计算机的出现和发展促使数据分析得以推广。

    数据分析的方法有很多,大致可以分为经典方法和基于机器学习(人工智能)的方法两种。两种方法各有特点,其中机器学习的方法代表了未来的发展趋势。

3.1 经典的数据分析方法和手段

    常见的经典数据分析方法和手段主要包括描述统计、信度分析、假设检验、相关分析、方差分析、判别分析、受试者操作特征曲线分析、时间序列分析和其他分析等9种(类)分析方法(手段)。各方法的详细情况可以参考相关专业书籍,本书仅做简要介绍。

3.1.1 描述统计

    描述统计又称叙述统计,是统计学中用来描绘或总结观察量的基本情况的统计方法总称。主要内容包括:

（1）研究者可以通过对数据资料的图像化处理，将资料摘要变为图表，以便直观了解整体资料分布的情况。通常采用频数分布表与图示法，如多边图、直方图、饼图、散点图等。

（2）研究者也可以通过分析数据资料，了解各变量内的观察值集中与分散的情况。运用的工具有集中量数与变异量数。集中量数有平均数、中位数、众数、几何平均数、调和平均数等；变异量数有全距、平均差、标准差、相对差、四分差等。

（3）在推论统计中，测量样本的集中量数与变异量数都是变量的无偏估计值，但是以平均数、变异数、标准差的有效性为最高。

（4）数据的次数分配情况往往会呈现正态分布，为了表示测量数据与正态分布偏离的情况，会使用偏度、峰度两种统计数据。

（5）为了解个别观察值在整体中所占的位置，需要将观察值转换为相对量数，如百分等级、标准分数、四分位数等。

描述性统计学为测量样本和有关内容提供简单的总结，并以简单易懂的图表来表示，进而为行为决策提供参考。

3.1.2 信度分析

信度指的是测量方法的品质，即对同一现象进行重复观察之后是否可以得到相同资料值。信度指标多以相关系数表示，大致可分为 3 类：稳定系数（跨时间的一致性）、等值系数（跨形式的一致性）和内在一致性系数（跨项目的一致性）。

信度分析是通过研究测量数值和组成研究项目的特性，剔除无效的或者对研究对象作用较小的项目，从而达到将一个多维的研究对象进行降维的目的，进而发现反映研究对象的数据结构，提高数据的可靠性。信度分析的方法主要有重测信度法、复本信度法、折半信度法、α 信度系数法等。

3.1.3 假设检验

假设检验又称统计假设检验，是用来判断样本与样本、样本与总体的差异是由抽样误差引起还是由本质差别造成的统计推断方法。

假设检验中显著性检验是最常用的、最基本的方法。显著性检验的基本原理是先对总体的特征做出某种假设，然后通过抽样研究的统计分析，并根据概率对此假设应该被拒绝还是接受做出推断。常用的假设检验方法有 Z 检验、t 检验、卡方检验、F 检验等。

3.1.4 相关分析

相关分析是研究两个或两个以上随机变量间的相关关系的分析方法。例如，人的身高和体重之间的关系、空气中的相对湿度与降雨量之间的相关关系都可以是相关分析研究的问题。

两个变量之间的相关程度通过相关系数 R 来表示，其值在 -1 和 1 之间。正相关时，R 值在 0 和 1 之间，这时一个变量增加，另一个变量也增加；负相关时则相反，一个变量增加，另一个变量将减少。R 的绝对值越接近 1，两变量的关联程度越强；R 的绝对值越接近 0，两变量的关联程度越弱。

相关分析与回归分析在实际应用中有密切关系。回归分析通常是一个随机变量 Y 对另一个(或一组)随机变量 X 的函数形式。

相关分析和回归分析在各个领域都有广泛的应用。

3.1.5　方差分析

方差分析又称变异数分析,是用于检验两组或两组以上的均值是否具有显著性差异,也就是检验各组别间是否有差异的数理统计方法。

一般认为不同组的均值间的差别基本来源有两个:

(1)试验条件,即不同的处理造成的差异,称为组间差异。

(2)随机误差,如测量误差造成的差异或个体间的差异,称为组内差异,用变量在各组的均值与该组内变量值之偏差平方和的总和表示。

方差分析的基本思想是:通过分析研究不同来源的变异对总变异的贡献大小,从而确定可控因素对研究结果影响力的大小。例如,医学研究几种药物对某种疾病的疗效;农业学研究土壤、肥料、日照时间等因素对某种农作物产量的影响;建筑学研究混凝土配比对抗压强度的影响等,这些都可以使用方差分析方法来解决。

3.1.6　判别分析

判别分析又称分辨法,是在分类确定的条件下,根据某一研究对象的各种特征值判别其类型归属问题的一种多变量统计分析方法。简单而言,就是通过辨别分析来对数据进行分组或分类。

判别分析通常都要设法建立一个判别函数(常用有线性判别函数和典则判别函数),然后利用此函数来进行判别。具体判别方法有最大似然法、距离判别法、Fisher(也称典则)判别法和 Bayes 判别法等。

3.1.7　受试者操作特征曲线分析

受试者操作特征曲线 (ROC 曲线),又称为感受性曲线。得此名的原因在于该曲线上各点反映着相同的感受性,反映对同一信号在几种不同的判定标准下所得的结果。ROC 曲线是以假阳性率(FPR 或 FP 率,在所有阴性病例中被误判为阳性的比例) 为横轴,以真阳性率)TPR 或 TP 率,在所有阳性病例中被正确判断的比例) 为纵轴,采用不同的判断标准(阈值)得出不同结果画出的曲线,如图 3-1 所示。

ROC 曲线的下方的面积称为曲线下面积(AUC),被定义为 ROC 曲线下与坐标轴围成的面积,显然这个面积的数值不会大于 1。又由于 ROC 曲线一般都处于 $y = x$ 这条直线的上方,所以 AUC 的取值范围为 $0.5 \sim 1$,如图 3-2 所示。AUC 越接近 1.0,检测方法真实性越高;等于 0.5 时,则真实性最低,无应用价值。

ROC 曲线分析可把灵敏度和稳定性结合起来综合评价,是一种非常有效的评估方法。

3.1.8　时间序列分析

时间序列是按时间顺序的一组数字序列,其为现实的、真实的一组数据,而不是数理统计中做试验得到的。同时,它也是动态的,并具有内在关联性。

图 3-1　不同分类阈值下的 TP 率与 FP 率

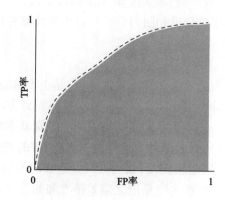

图 3-2　曲线下面积（ROC 曲线下面积）

时间序列依据其特征,有以下几种表现形式,并产生与之相适应的分析方法:

（1）确定性变化:包括长期趋势变化、季节性周期变化、循环变化等。

（2）随机性变化。

时间序列分析就是根据时间序列数据的特性,建立模型并通过统计分析来获取模型参数,进而去拟合时间序列的观测数据,最终起到预测的作用。

3.1.9　其他分析方法

其他分析方法包括多重响应分析、距离分析、项目分析、对应分析、决策树分析、神经网络、系统方程、蒙特卡洛模拟等。

一般而言,描述统计是通过图表或数学方法,对数据资料进行整理、分析,并对数据的分布状态、数字特征和随机变量之间的关系进行估计和描述的方法,主要是阐述获得了哪些数据;而信度分析主要是说明获取的数据是否可靠;假设检验、相关分析、方差分析、判别分析、受试者操作特征曲线分析等主要是证明之前提出的假设是否成立;时间序列分析主要是承认事物发展的延续性,应用过去数据的规律,推测事物未来的发展趋势。

经典的数据分析方法和手段是一种统计方法,其主要特点是多维性和描述性。采用这些方法有助于揭示不同的数据之间存在的关系,并绘制出统计信息图,以便简捷地解释这些数据中包含的主要信息。

3.2　基于人工智能的分析方法和手段

人工智能（AI）也称智械、机器智能,指由人制造出来的机器所表现出来的智能。近年来人工智能得到了飞速发展,其在影像识别、语言分析、棋类游戏等方面的能力已经达到甚至超越了人类的水平。

3.2.1　人工智能的发展历程

早在公元前 384—322 年,亚里士多德的三段论就奠定了智能算法的逻辑基础。1945 年以约翰·冯·诺依曼(John von Neumann)为首起草了"存储程序通用电子计算机方案"——EDVAC,奠定了现代计算机结构体系。1950年,图灵(Alan Mathison Turing)在论文"*Computing machinery and intelligence*"中提出了著名的"图灵测试",论述了机器智能的判定方法。1956年,达特茅斯会议在美国汉诺斯小镇闭幕,以麦卡赛、明斯基、罗切斯特和申农等为首的科学家首次提出了"人工智能"这一术语,标志着人工智能学科的诞生。

国际范围内,人们对人工智能的发展历史有一套划分标准。人工智能技术的发展主要可以分为如下5个时期:孕育时期(1956年前)、形成时期(1956—1970年)、暗淡时期(1966—1974年)、知识应用时期(1970—1988年)、集成发展时期(1986年至今)。进入21世纪后,人工智能的研究步伐大大加快。2013年Facebook成立人工智能工作室,率先开始进行深度学习研究。2016年,由谷歌旗下的DeepMind公司自主研发的Alphago围棋机器人击败韩国选手李世石,引起了人们的广泛关注。2016年至今,随着大数据、云计算、互联网、物联网等信息技术的发展,以深度神经网络为代表的人工智能技术飞速发展,大幅跨越了科学与应用之间的技术鸿沟,诸如图像分类、语音识别、知识问答、人机对弈、无人驾驶等人工智能技术实现了从"不能用、不好用"到"可以用"的技术突破,迎来爆发式增长的新高潮。

(1)专用人工智能取得重要突破。从可应用性看,人工智能大体可分为专用人工智能和通用人工智能。面向特定任务(如下围棋)的专用人工智能系统由于任务单一、需求明确、应用边界清晰、领域知识丰富、建模相对简单,形成了人工智能领域的"一枝独秀",在局部智能水平的单项测试中甚至可以超越人类智能。人工智能的近期进展主要集中在专用智能领域。例如,阿尔法狗(AlphaGo)在围棋比赛中战胜人类冠军,人工智能程序在大规模图像识别和人脸识别中达到了超越人类的水平,人工智能系统诊断皮肤癌达到专业医生水平。

(2)通用人工智能尚处于起步阶段。人的大脑是一个通用的智能系统,能举一反三、融会贯通,可处理视觉、听觉、判断、推理、学习、思考、规划、设计等各类问题,可谓"一脑万用"。真正意义上完备的人工智能系统应该是一个通用的智能系统。目前,虽然专用人工智能领域已取得突破性进展,但是通用人工智能领域的研究与应用仍然任重而道远,人工智能总体发展水平仍处于起步阶段。当前的人工智能系统在信息感知、机器学习等浅层智能方面进步显著,但是在概念抽象和推理决策等深层智能方面的能力还很薄弱。总体上看,目前的人工智能系统可谓有智能没智慧、有智商没情商、会计算不会"算计"、有专才而无通才。因此,人工智能依旧存在明显的局限性,依然还有很多"不能",与人类智慧还相差甚远。

(3)人工智能创新创业如火如荼。全球产业界充分认识到人工智能技术引领新一轮产业变革的重大意义,纷纷调整发展战略。如谷歌在其2017年度开发者大会上明确提出发展战略从"移动优先"转向"人工智能优先",微软2017财年年报首次将人工智能作为公司发展愿景。人工智能领域处于创新创业的前沿。麦肯锡公司报告指出,2016年全球人工智能研发投入超300亿美元并处于高速增长阶段;全球知名风投调研机构CB Insights报告显示,2017年全球新成立人工智能创业公司1100家,人工智能领域共获得投资152亿美元,同比增长141%。截至2020年6月,中国人工智能企业数量达到5125家,列全世界第二。

(4)创新生态布局成为人工智能产业发展的战略高地。信息技术和产业的发展史,就是新老信息产业巨头抢滩布局信息产业创新生态的更替史。例如,传统信息产业代表企业有微软、英特尔、IBM、甲骨文等,互联网和移动互联网时代信息产业代表企业有谷歌、苹果、脸书、亚马逊、阿里巴巴、腾讯、百度等。人工智能创新生态包括纵向的数据平台、开源算法、计算芯片、基础软件、图形处理器等技术生态系统和横向的智能制造、智能医疗、智能安防、智能零售、智能家居等商业和应用生态系统。目前智能科技时代的信息产业格局还没有形成垄断,因此,全球科技产业巨头都在积极推动人工智能创新生态的研发布局,全力抢占人工智能相关产业的制高点。

(5)人工智能的社会影响日益突显。一方面,人工智能作为新一轮科技革命和产业变革的核心力量,正在推动传统产业升级换代,驱动"无人经济"快速发展,在智能交通、智能家居、智能医疗等民生领域产生积极正面影响;另一方面,个人信息和隐私保护、人工智能创作内容的知识产权、人工智能系统可能存在的歧视和偏见、无人驾驶系统的交通法规、脑机接口和人机共生的科技伦理等问题已经显现出来,需要抓紧时间给出解决方案。

3.2.2 人工智能的基本理论

一、人工智能的定义

关于智能的定义有很多,通常可以认为智能是知识与智力的总和。具体地说,智能具有下述特征:

(1)具有感知能力。

(2)具有记忆与思维的能力。

(3)具有学习能力及自适应能力。

(4)具有行为能力。

简而言之,通过感知、记忆(存储)、思维(运算)、学习(纠错)、适应(训练)从而产生行为(分析并给出结果)。

二、人工智能研究的基本内容

在人工智能的研究中有许多学派,如逻辑学派、认知学派、知识工程学派、连接学派、分布式学派及进化论学派等。同时,人工智能又有多种研究领域,各个研究领域的研究重点也不相同。一般认为,其应包括以下几个方面。

1. 机器感知

所谓机器感知,就是使机器(计算机)具有类似于人的感知能力,其中以机器视觉与机器听觉为主,并形成了两个专门的研究领域,即模式识别与自然语言理解。

2. 机器思维

所谓机器思维,是指对通过感知得来的外部信息及机器内部的各种工作信息进行有目的的处理。正像人的智能是来自大脑的思维活动一样,机器智能也主要是通过机器思维实现的。机器思维需要开展以下几方面的研究工作:

(1)知识的表示,特别是各种不精确、不完全知识的表示。

(2)知识的组织、累积、管理技术。

(3)知识的推理,特别是各种不精确推理、归纳推理、非单调推理、定性推理等。

(4)各种启发式搜索及控制策略。

(5)神经网络、人脑的结构及其工作原理。

3.机器学习

人类具有获取新知识、学习新技巧，并在实践中不断完善、改进的能力，机器学习就是要使计算机具有这种能力，使它能自动地获取知识，能直接向书本学习，能通过与人谈话学习，能通过对环境的观察学习，并在实践中实现自我完善，克服人们在学习中存在的局限性，例如，容易忘记、效率低下及注意力分散等。

4.机器行为

与人的行为能力相对应，机器行为主要是指计算机的表达能力，即"说""写""画"等。对于智能机器人，其还应具有人的四肢功能，即能走路、能取物、能操作等。

5.智能系统及智能计算机的构造技术

为了实现人工智能的近期目标(实现机器智能)及远期目标(制造智能机器)，就要建立智能系统及智能机器，为此需要开展对模型、系统分析与构造技术、建造工具及语言等的研究。

3.2.3　机器学习

机器学习(ML)是人工智能中一个重要的研究领域，被认为是人工智能的基础。机器学习牵涉的面很宽，因此，本节只是对它的一些基本概念做简要介绍。

1.机器学习的定义

机器学习的核心是"学习"，关于学习一般的定义认为：学习是一个有特定目的的知识获取过程，其内在行为是获取知识、积累经验、发现规律；外部表现是改进性能、适应环境、实现系统的自我完善。

所谓机器学习，就是要使计算机能模拟人的学习行为，自动地通过学习获取知识和技能，不断改善性能，实现自我完善，其为人工智能的主要研究领域之一。

2.学习系统

为了使计算机系统具有某种程度的学习能力，使它能通过学习增长知识、改善性能、提高智能水平，需要为其建立相应的学习系统。一个学习系统应具有如下条件和能力：

(1)具有适当的学习环境。

(2)具有一定的学习能力。

(3)能应用学到的知识求解问题。

(4)能提高系统的性能。

由以上分析可以看出，一个学习系统一般由环境、学习、知识库、执行与评价4个基本部分组成，各部分之间的关系如图3-3所示。

图3-3　学习系统的基本结构

3.机器学习的发展

关于机器学习的研究，可以追溯到20世纪50年代中期。但由于受到客观条件的限制，机器学习直到 20 世纪 80 年代才获得了蓬勃发展。其发展过程可分为如下 3 个阶段。

1）神经元模型的研究

这一阶段始于 20 世纪 50 年代中期，主要研究工作是应用决策理论的方法研制可适应环境的通用学习系统（General Purpose Learning System）。

2）符号学习的研究

这一阶段始于 20 世纪 70 年代中期，研究者们力图在高层知识符号表示的基础上建立人类的学习模型，用逻辑的演绎及归纳推理代替数值的或统计的方法。

3）连接学习的研究

这一阶段始于 20 世纪 80 年代。当时由于人工智能的发展与需求以及超大规模集成电路技术、超导技术、生物技术、光学技术的发展与支持，使机器学习的研究进入了更高层次的发展时期。

近年来，深度学习是发展得非常迅速的一个流派。深度学习的概念由 Hinton 等人于 2006 年提出，即含多个隐藏层的多层感知器模型。卷积神经网络（Convolutional Neural Networks，简称 CNNs）、深度置信网络（Deep Belief Nets，简称 DBNs）及循环神经网络（Recurrent Neural Networks，简称 RNNs）等都是深度学习代表性的成果。

一、机器学习的分类

机器学习是人工智能的基础，也应用得最广泛。机器学习可从不同的角度，根据不同的方式进行分类。最常用的是按系统的学习能力分类，即机器学习可分为有监督学习与无监督学习，两者的主要区别是前者在学习时需要教师的示教或训练，而后者是用评价标准来代替人的监督工作。

有监督学习和无监督学习的中间带就是半监督学习（SSL）。对于半监督学习，其训练数据的一部分是有标签的，另一部分没有标签。由于没有标签数据的数量常远大于有标签数据数量，所以采用半监督学习有助于提高准确性，因此，半监督学习目前正越来越受到人们的重视，如 Deepmind 的 AlphaGo 为代表的强化学习（RL）就属于半监督学习的范畴。

二、机器学习的算法概述

数据集是数据的集合。在机器学习中，数据集可分为训练数据与测试数据。训练数据用于机器学习过程中，通过对大量数据的处理与分析，将不同变量之间的联系提炼成函数关系，而测试数据就用于对训练数据得出的方法进行检验。

如前所述，在机器学习中根据学习能力可分为有监督学习、无监督学习和半监督学习。其中常用的算法包括分类、回归、聚类（异常分析）、主成分分析（降维）和关联分析等。

1. 分类

分类（Classify）（如检测中是否为缺陷）是机器学习和模式识别中很重要的一环，分析方法（也称为分类器）有很多，常用的有以下几种。

1）贝叶斯分类法

贝叶斯分类法是基于贝叶斯定理的统计学分类方法，它是一类利用概率统计知识进行分类的算法。

2）决策树算法

决策树是一种简单但广泛使用的分类器，它通过训练数据构建决策树，对未知的数据进行分类。决策树在分离节点时利用了信息熵的方法。

3）支持向量机

支持向量机（SVM）把分类问题转化为寻找分类平面的问题，并通过最大化分类边界点距离分类平面的距离来实现分类。支持向量机适合解决高维、非线性问题。

4）k近邻查询

k近邻查询（kNN）是找到最近的k个邻居（样本），在前k个样本中选择频率最高的类别作为预测类别。

5）逻辑斯谛回归

逻辑斯谛回归（LR）利用已知的自变量来预测一个离散型变量的值，也就是通过拟合一个逻辑函数来预测一个事件发生的概率。

6）人工神经网络

人工神经网络（ANN），简称神经网络或类神经网络，是一种模仿生物神经网络结构和功能的数学模型或计算模型，用于对函数进行估计或近似。

7）集成学习

集成学习是指为了提高分类器的精度，先采用多个分类器预测，再采用某种集成策略进行组合，最后综合判断输出最终结果。

2. 回归

与分类不同，回归（Regression）的目的是预测连续性数值的目标值。常用的方法有以下两种。

1）显式方程回归

回归最直接的办法是依据输入写出一个目标值的计算公式，该公式就是所谓的回归方程。

2）树回归

解决非线性数据的拟合问题，一个可行的方法是分类回归树（Classification And Regression Trees，简称CART）算法，该算法既可以用于分类，也可以用于回归。

3. 聚类

聚类（Clustering）算法属于无监督学习，只有数据，而没有标记。也就是在没有给定划分类别的情况下，根据样本相似度进行样本分组。常见的聚类算法主要包括k均值聚类法和层次聚类法。

1）k均值聚类法

k均值聚类法是典型的基于距离的非层次聚类算法，其在最小化误差函数的基础上将数据划分为预定的类数k，采用距离作为相似性的评价指标，即认为两个对象的距离越近，其相似度就越大。

2）层次聚类法

层次聚类法是一种通用的聚类算法，它通过自下而上合并或自上而下拆分来构建嵌套聚类。这种层次结构表示为树（或树状图）结构，树的根汇聚所有样本，树的叶子是各个样本。

4. 主成分分析

主成分分析（PCA）是一种统计方法，也属于无监督学习范畴。通过正交变换将一组可能存在相关性的变量转换为一组线性不相关的变量,转换后的这组不相关的变量叫主成分。

5.关联分析

关联规则挖掘算法(Association Rules)是一种较为常用的无监督学习算法,与分类、聚类等算法不同的是,这类算法的主要目的在于发掘数据内在结构特征之间的关联性。经典的关联规则挖掘算法包括 Apriori 算法和 FP-growth 算法等。

三、预测模型的验证与评价

很多时候我们在训练集上的误差很小,但实际预测时结果可能更差,原因就在于我们的训练样本有限,我们的模型会把训练集特有的特征认为是所有样本空间中样本都应具有的特征,导致泛化能力下降,这种现象就叫作过拟合。与过拟合相对的就是欠拟合,即会欠缺某些通用特征,导致不符合分类标准的样本也分到相应的类中,如图 3-4 所示。

a)适度拟合　　　　b)欠拟合　　　　c)过拟合

图 3-4　3 种常见的拟合现象

我们以人脸识别为例,如果训练集中绝大部分都是成年人,那么当我们将含有儿童头像的照片给模型时,可能它会认为不是人脸(因为不具有成年人的脸部特征),这时就是过拟合;而如果它不仅识别了儿童人脸,还将小狗的图片也识别为人脸,这时就是欠拟合。

由于通常我们无法得到泛化误差,而训练误差又存在过拟合现象,所以要评价一个模型的优劣,需要两样东西:一是合适的样本集,二是用什么指标来评价。

1.选择合适的样本集

在 AI 分析中,通常有 3 种数据:训练集、评估集和测试集。如果将已知的全部用于训练,有时候会发现尽管拟合程度很好(初试条件敏感),但是对于训练集之外的测试数据的拟合程度却并不令人满意。其原因一般在于在模型训练时的过拟合。

因此,将数据集分出一部分来(这部分不参加训练)对训练集生成的参数进行测试,相对客观地判断这些参数对训练集之外的数据的符合程度,这种思想就称为交叉验证(Cross Validation),常用的方法有 k 折交叉验证和留一验证。

1)k 折交叉验证(K-fold cross-validation)

初始采样分割成 K 个子样本,一个单独的子样本被保留作为验证模型的数据,其他 $K-1$ 个样本用来训练。交叉验证重复 K 次,每个子样本验证一次,平均 K 次的结果或者使用其他结合方式,最终得到一个单一估测。这种方法的优势在于,同时重复运用随机产生的子样本进行训练和验证,每次的结果验证一次。其中,10 折交叉验证是最常用的。

2)留一验证(Leave-One-Out)

留一验证指只使用原样本中的一个样本当作验证资料,而剩余的则留下来当作训练资料。

这个步骤一直持续到每个样本都被当作一次验证资料为止。事实上，这和 K 折交叉验证是一样的，其中 K 为原本样本个数。

2. 评价方法

通常我们把训练集上的误差称为训练误差，把新样本上的误差称为泛化误差。而我们的目标就是要得到泛化误差小的模型，泛化误差越小越好。泛化误差可分解为偏移的平方、方差和噪声之和。

在一个训练集 D 上，模型 f 对测试样本 x 的预测输出为 $f(x;D)$，那么学习算法 f 对测试样本 x 的期望预测（亦即均值）为 $\bar{f}$，如真值为 y，则偏移（模型预测值与真实标记的差别称为偏移）：

$$\text{Bias}^2(x) = \left[\bar{f}(x) - y\right]^2 \tag{3-1}$$

方差 Var（模型的输出值之间的差异，它表示了模型的离散程度）：

$$\text{Var}(x) = E_D\left[(f(x;D) - \bar{f}(x))^2\right] \tag{3-2}$$

偏移与方差的示意图如图 3-5 所示。

图 3-5　偏移与方差的示意图

在一个实际系统中，偏移与方差往往是不能兼得的。如果要降低模型的偏移，就会在一定程度上提高模型的方差，反之亦然。造成这种现象的根本原因是，检测试验总是希望试图用有限训练样本去估计无限的真实数据。

模型过于简单时，容易发生欠拟合；模型过于复杂时，又容易发生过拟合。为了达到一个合理的偏移-方差平衡，需要对模型进行认真评估。常用的方法就是利用训练集和 k 折交叉验证的误差 ~ 训练数据的关系。

3.3 机器学习在无损检测中的应用

3.3.1 概述

在无损检测中,许多时候检测精度高度依赖于操作人员的判断水平,为检测结果的客观性、一致性等带来不利影响,也增加了操作人员的负担。为此,基于机器学习(AI)的辅助判定手段应运而生,以提高检测精度和降低作业难度。同样,我们可以应用机器学习技术对检测数据进行处理,包括分类、回归及聚类等功能,其主要方法有:

(1)分类:结构内部缺陷(有无、大小)的识别。

(2)回归:数值指标,如厚度、深度、强度、弹性模量等的回归。

(3)聚类:结构损伤程度的划分等。

相比单纯的人工分析,采用机器学习的方法具有以下优点:

1)适合于多参数分析

机器学习可以同时分析出多参数联合变化的规律即多参数联合分析,而人脑只能同时分析判别少数联动的参数。因此,在边界条件复杂、分析参数较多时,基于机器学习的方法具有很大的优势。

无损检测原理可简单理解为:将检测信号通过若干特征值进行表示,当检测部位存在缺陷时,这些特征值会存在差异,这种差异可能表现在单个特征值上,也可能表现在多个特征值的组合上。人工针对单个特征值的差异具备一定的分辨能力,如传统的人工判别就是针对波速延迟这一特征,但很多时候这一特征并不明显,人工判定就会比较困难。机器学习就是专门解决这种问题的,AI的智能特性就是体现在学习上,通过学习已有的数据,总结数据变化的规律,从而具备分辨的能力。

2)客观性强,精度(误差)稳定性好

由于基于机器学习的无损检测分析是建立在较多数量的训练集的基础上的,因此,其预测精度相对稳定、可靠。

3)精度可不断提高

随着训练(验证)数据的不断积累,预测精度也会随之不断提高。同时,训练模型还可以不断优化。

利用机器学习(AI)来提高检测精度,需要注意的是:

1)学习(训练)数据

人工智能学习数据的好坏直接影响机器判定的准确性,如果在学习时数据都存在严重的问题,那么学习的结果也不会好。因此,训练集的好坏就决定了模型准确度的上限,后期的所有工作只是在逼近这个上限。

2)特征值和参数

在采用浅层学习方法时,需要自定义特征值(参数)。因此,特征值的选取也至关重要,所选特征值必须能区分开检测好与坏的具体情况。

3）模型的选取和训练

如前所述,机器学习方法众多,各方法特点不同,应根据检测对象选取。针对选取好的方法,模型采用准备好的学习数据进行训练,得到相应的参数,即建立了检测用的模型。

4）模型的评估

评价模型的优劣最直接的办法是拿着这个模型去做实际的判断,如内部缺陷的人工智能模型,我们将检测数据输入给模型,让它判断是否有内部缺陷,然后观察有多少比例是正确的,多少比例是错误的。这就是精度和错误率,也是最直接的一种评估方式。

需要说明的是,我们能选择作为验证的样本集是有限的,因此,在实际计算时选择样本集以及如何计算又会有许多不同的方法。当要解决一个实际问题时,我们需要考虑:

①如何知道我们所设计的模型是有用的或者较好的?

②当模型应用得不理想时,我们应该从哪些方面进行改进?

③如何针对具体问题选择学习模型?

5）实际应用

在机器学习实际应用中,主要有边缘(Edge Computing)计算和远程计算(Remote Access Computing System,简称RAC)模式。其中,边缘计算就是在靠近数据源头的一侧,采用计算机或者是监测节点(远程控制节点RTU)来对模型进行分析。

远程计算是利用通信线路,远距离提交任务并执行计算,然后接收计算成果。也就是检测人员将检测数据远程提交到服务器,由服务器系统上的AI模型进行分析并返回计算结果。

3.3.2 预测精度的定义

判断模型的优劣,我们需要对误差(或精度)进行分析。对于分类、回归、聚类等不同的用途,机器学习的精度评价指标也有所不同。

1. 分类的精度

识别精度的评价指标主要有准确度(差错率)、查准率、查全率等。首先,我们来看一个数据集,其中有 + 和 − ,同样,某个模型预测的结果也有 + 和 − ,各个类型的数量见表3-1。

识别器精度的评价指标 表3-1

模型	预测 +	预测 −
正解 +	真阳性(TP)	假阴性(FN)
正解 −	假阳性(FP)	真阴性(TN)

前语(True/False)表示识别的正确与否,而后语(Positive/ Negative)则表示预测的是正例还是负例。有:

(1)准确度:

$$\frac{TP + TN}{TP + FN + FP + TN}$$

表明分类(预测)正确的样本数占样本总数的比例。差错率 = 1 − 准确度。其中 TP、TN、FP、FN 的定义见表3-1。

(2)精度(也称查准率):

$$\frac{TP}{TP + FP}$$

即在预测为正例的样本中实际为正例(预测正确)的比例。

(3)再现率(也称查全率):

$$\frac{TP}{TP + FN}$$

即在所有正例样本中,有多少被正确识别出来的比例。

其中,精度与再现率二者一般呈负相关的关系。为了更全面地评价识别器的性能,引入了ROC曲线。ROC曲线的横轴为假阳性率,纵轴为真阳性率,数值为对应正解判断的阈值。识别器的性能可以用ROC曲线的面积AUR(Area under ROC)来表示,对于完美的识别器,AUR = 1;对于随机的识别器,AUR = 0.5。

在无损检测中,最关心的指标除了上述准确度、精度以外,为了方便,还可以引入误判缺陷率和缺陷检出率。

(1)误判缺陷率:将健全部位误判为缺陷的比率(Defect Misjudged Rate,简称DMR)。

(2)缺陷检出率:将缺陷部位正确检出的比率(Defect Detection Rate,简称DDR)。

2.回归的精度

评价回归算法精度的指标主要有平均绝对误差、最小二乘误差、决定系数等。

3.聚类的精度

评价聚类算法精度的指标主要有兰德指数(Rand Index)、互信息和轮廓系数(Silhouette Coefficient)等。

3.3.3 AI辅助检测判断的流程

AI辅助无损检测,首先需要准备数据参数:

(1)在检测软件中生成AI用参数文件或者图片文件。

①特征参数。对测试的信号数据,在时域、频域上进行分析,提取特征参数(如卓越频率、最大振幅等),以及各个测点的参数统计值、变化率,相关测试信息等。该方法数据量少,学习训练和分析速度快,但在提取特征方面需要花费较大的功夫。

②图片数据。对于测试的信号,做成波形图或者等值线云图,利用深度学习直接对图形进行模型训练和分析。该方法数据量大,学习训练和分析速度慢,但基本不需要人为提取特征参数。

该参数文件可以由检测人员操作软件生成,也可以由服务器自动生成。该文件可用于AI模型的训练,也可用于AI的预测。

当然,也可以用测试的数据直接作为参数,但测试数据个数较多时,参数的提取需要采用深度学习等方法,比较耗时。

(2)准备训练集。

对于训练集,需要有验证的检测数据。

(3)选取算法和训练模型。

如前所述,机器学习的算法有很多,其中,对于工程无损检测,浅层学习的贝叶斯网络、随机森林、神经元网络、回归树,深度学习等都是有效的方法。

(4)对模型的精度、泛化能力进行评估。

(5)在边缘端或远程服务器端配置训练、评估好的模型,投入实际应用。

(6)在实际应用中对模型不断地验证,提高其泛化能力与预测精度。

AI 检测判断的流程如图 3-6 所示。

图 3-6　AI 检测判断的流程

3.3.4　基于 AI 的工程检测应用

目前,在工程无损检测领域利用 AI 技术已经取得了不少成果,在此,就预应力孔道灌浆密实度、混凝土裂缝识别及隧道衬砌厚度与缺陷检测等方面的应用进行介绍。

一、预应力孔道灌浆密实度检测

预应力孔道灌浆质量对桥梁的承载力和耐久性都有很大的影响,其密实度检测中 IE 法是非常有效的方法。在实际检测工程中,作者收集了 3000 余条数据,采用神经元网络分类器训练模型,数据分类只包含密实、部分缺陷两种分类情况,孔道灌浆 AI 精度比较见表 3-2。

孔道灌浆 AI 精度比较　　　　　　　　　　　表 3-2

结构类型	灌浆质量	测试次数	分类密实	分类缺陷	准确度(%)
T 形梁	良好	823	667	156	81.04
	部分缺陷	408	218	190	85.25
箱梁	部分缺陷	736	483	253	84.66
	全部缺陷	388	47	341	87.89

其中,准确度的计算公式如下:

$$A = \frac{P_1 + P_2}{N} \tag{3-3}$$

式中:P_1——密实正判数据条数;

P_2——缺陷正判数据条数；

N——总测试次数。

二、混凝土裂缝识别及勾勒（图3-7）

据统计，混凝土结构的损坏有90%以上都是由裂缝引起的，因此，对混凝土结构的健康检测主要是对混凝土表观的裂缝进行检测与测量。基于深度学习的 AI 检测方法主要包括 3 部分内容：混凝土表观图像的获取技术、基于图像的裂缝自动识别理论与算法及基于图像的裂缝宽度等病害程度定量化测量方法。混凝土裂缝智能识别如图3-8 所示。

图 3-7　混凝土裂缝轮廓勾勒

输入彩色图片　　卷积层+线性整流函数　全连接层　逆卷积层　滑移卷积层+上采样　基于滑移卷积和低通道卷积的全连接层　输出

图 3-8　混凝土裂缝智能识别

三、隧道衬砌缺陷、厚度识别及自动标注

针对隧道衬砌的厚度、脱空及内部缺陷等，采用冲击回波声频法（Impact Acoustic Echomethod，简称 IAE）是一种有效的方法。图 3-9 为典型的 IAE 后处理图片。

常见结构缺陷主要包括不密实、脱空、欠厚、超厚 4 类。训练采用深度迁移学习，通过继承成熟的图像分类神经网络架构，在自定义数据集上微调适当的分类器，最终实现各种缺陷在 IAE 后处理图片中的智能识别及标注。图 3-10 ~ 图 3-13 为 IAE 后处理图片缺

图 3-9　典型的 IAE 后处理图片

陷智能标识效果图。

图 3-10 某隧道 IAE 后图片缺陷智能标识效果图 1 　　图 3-11 某衬砌 IAE 后图片缺陷智能标识效果图 2

图 3-12 某隧道 IAE 后图片缺陷智能标识效果图 2 　　图 3-13 某衬砌 IAE 后图片缺陷智能标识效果图 2

可见,机器学习与无损检测技术的结合是非常有前景的。但同时由于不同模型、参数的影响,以及训练模型需要大量的样本和学习,并且还需要考虑结构特征,明确各个参数对应的力学意义,这些都说明要训练出能用于实际工程的模型需要一个较长的过程。过程也许是曲折和充满艰辛的,但随着人工智能的不断发展完善,AI 技术与无损检测领域的结合无疑会不断加深,无损检测行业必将迎来一次技术革新。

3.4　数据库及大数据技术

随着通信技术如 5G 技术的发展以及硬件制造的进步,万物互联已逐步实现,各行各业每天产生海量的数据。土木行业内,在建筑工程的全生命周期中也会产生海量的数据,如设计勘探数据、检测数据、监测数据、维护养管数据等。这些数据包含了建筑结构非常丰富的信息,通过数据分析手段,可以有效地分析出病害缺陷的变化趋势、形成原因等。随着数据处理手段的不断进步,特别是大数据处理技术的快速发展,建筑结构的各类数据的价值已逐步显现。然而,这些数据往往以各种形式的报告、记录表、信息表等纸质文档或电子文档的形式进行管理存储。这种管理方式存在数据丢失、分类混乱、冗余等问题,造成数据割裂、碎片化、不连贯的后果,大大降低了数据的利用价值。

随着数据处理技术、人工智能技术及大数据技术的问世,工程中各类数据得到了进一步整合。因此,土木工程需要更高效的数据管理技术。

3.4.1　数据管理系统

一、功能简介

数据管理系统的基本功能是按照用户要求,从大量的数据资源中提取有价值的数据。针对土木行业数据管理系统,人们主要是将建筑结构各个环节、不同时期的数据进行统一存储,并对数据展示、分析等应用提供数据支持,建立建筑结构全生命周期数据档案,实现数据共享。

1. 数据存储功能

为了方便数据的统一管理,数据集中存储在专用的服务器中,根据数据类型不同可以采用不同的存储方式。针对检测数据类别可以采用行化存储直接存在数据库中,如检测时间、检测人员、数据化的检测结果等;对于监测中的文件、报告、图片、视频等无法行化的数据则采用文件的形式进行压缩后存在磁盘中。数据的统一存储,可以有效地解决数据丢失、割裂、冗余等问题,同时降低数据维护管理的人工成本,提升效率。

在数据存储中,核心的组件是数据库技术。目前主流的数据库软件有 3 种:Oracle、SQL Server 和 MySQL,它们均具有使用方便、可伸缩性好、与相关软件集成程度高等优点,可存储海量的数据,并提供高效的数据查询提取等接口,方便上层应用的增、删、查、改等操作。

2. 数据处理功能

数据处理是数据管理中的一个重要功能。简单的处理如数据统计、分类等可以通过数据库完成,涉及运算判定、审核的数据分析需要服务器的参与,更加复杂的分析如数据挖掘、趋势预判等除服务器外,还需要接入更加强大的数据处理平台,如机器学习、数据解析模块等。

二、数据管理主要组成

数据管理主要由服务器和应用两部分组成,如图 3-14 所示。

图 3-14　数据管理示意图

1. 服务器

服务器包含两方面的内容:其一是硬件主机,完成各类运算、存储的计算机;其二是服务器实现各类功能的程序。数据源通过各种渠道发送到服务器后,服务器负责对接收到的数据进行判断处理,对不合规的数据拒绝接收,对合规的数据进行整理,根据业务逻辑进行处理,最终将数据存入数据库或者将文件存储到磁盘指定位置。除此之外,服务器还将为其他应用提供数据接口,起到承上启下的作用。

2. 应用

数据应用范围非常广泛,大致分为数据展示、数据分析。数据展示常见的有数据浏览、查询、下载,如 Web 端数据表格、图片、文字等。借助 BIM 等技术,可采用 3D 展示技术进行数据可视化。

3.4.2 大数据分析技术

一、大数据的定义与基本特征

关于大数据,麦肯锡全球研究所给出的定义是:一种规模大到在获取、存储、管理、分析方面大大超出了传统数据库软件工具能力范围的数据集合,具有海量的数据规模、快速的数据流转、多样的数据类型和价值密度低四大特征。

大数据包括结构化、半结构化和非结构化数据。

1. 结构化数据

结构化数据也称作行数据,其严格遵循数据格式与长度规范,主要通过关系型数据库进行存储和管理。简单来说,第 3.4.1 节中数据库所管理的数据都可以算结构化数据,如数据里的检测数据、监测数据等。

2. 半结构化数据

半结构化数据是结构化数据的一种形式,它并不符合关系型数据库或其他数据表的形式关联起来的数据模型结构,但包含相关标记,用来分隔语义元素以及对记录和字段进行分层。因此,它也被称为自描述的结构。常见的半结构化数据有 XML 和 JSON 格式。

3. 非结构化数据

非结构化数据是数据结构不规则或不完整,没有预定义的数据模型,不方便用数据库二维逻辑表来表现的数据。通常视频、音频、图片、图像、文档、文本等形式大多为非结构化数据。

二、大数据的分析

从分析上看,由于大数据量大、种类多,因此,无法用单台的计算机进行处理,必须采用分布式架构。其特色在于对海量数据进行分布式数据挖掘,但它必须依托云计算的分布式处理、分布式数据库和云存储、虚拟化技术。

大数据分析一般具备以下 3 个思维方式:

1. 使用全体数据进行分析

与传统统计分析只使用一小部分随机抽样数据相比,使用全体数据可以发现更多的细节和有价值的信息。

2. 接收数据混杂性,通过数据量大来弥补质量差

对于接收数据混杂、无效数据多等不利因素,可以通过增大数据量来简化分析模型并避免过拟合,从而获得更准确的分析结果。

3. 追求相关关系而非因果关系

从相关关系切入则可为数据分析提供新的视角。例如,"啤酒与尿布"的故事发生于20世

纪 90 年代的美国沃尔玛超市中,沃尔玛的超市管理人员分析销售数据时发现了一个令人难以理解的现象:"啤酒"与"尿布"两件看上去毫无关系的商品会经常出现在同一个购物篮中。这一现象引起了超市管理人员的注意,经过后续调查发现,这种现象出现在年轻的父亲身上:在美国有婴儿的家庭中,一般是母亲在家中照看婴儿,年轻的父亲前去超市购买尿布。父亲在购买尿布的同时,往往会顺便为自己购买啤酒(考虑到给婴儿换尿布是件辛苦的事情,因此需要喝点啤酒来犒劳自己)。于是,沃尔玛开始在卖场尝试将啤酒与尿布摆放在相同的区域,让年轻的父亲可以同时找到这两件商品,并很快地完成购物,从而获得了很好的商品销售收入,这就是"啤酒与尿布"故事的由来。由此,1993 年美国学者 Agrawal 提出了关联关系的 Aprior 算法。沃尔玛将 Aprior 算法引入到 POS 机数据分析中,并获得了巨大的成功。

三、大数据的价值

大数据的价值在社会的各个层面(如政府、企业等)都可以得到价值体现。

1. 在政府层面的价值体现

1)工商部门利用大数据对企业异常行为监测预警

依托大数据资源,工商部门可以建设市场主体分类监管平台,将市场主体精确定位到电子地图的监管网格上,并集成基本信息、监管信息和信用信息。利用大数据技术评定市场主体的监管等级,提示监管人员采取分类监管措施,有效提升了监管的科学性。

2)交通部门利用大数据技术解决拥堵情况

交通部门利用大数据技术对城市的交通状况进行监测,可以缓解城市交通堵塞,对事故高发区、早晚高峰期进行实时分析。通过监控道路车辆流动情况,交通部门可以全天候实时监测各道路车辆流动情况,识别出各个时段道路拥堵情况。

3)教育部门利用大数据改善教学体验

教育部门在网络学习和面对面学习融合的混合式学习方式下,可以实现教育大数据的获取、存储、管理和分析,为教师教学方式构建全新的评价体系,改善教与学的体验。为提高教学水平,应用数据挖掘和学习分析工具,为教学改革发展提供持续完善的系统和应用服务。

2. 在企业层面的价值体现

通过结合大数据和高性能的分析,有助于企业:

(1)及时解析故障、问题和缺陷的根源,每年可能为企业节省大量资金。

(2)分析所有 SKU,以利润最大化为目标来定价和清理库存。

(3)根据客户的购买习惯,推送其可能感兴趣的优惠信息。

(4)从大量客户中快速识别出金牌客户。

(5)使用点击流分析和数据挖掘来规避欺诈行为。

四、大数据在数字化建造与养护方面的应用

大数据技术也为建筑结构安全评估、趋势预判、养护计划提供有力的数据支持。

例如,在建筑结构的全生命周期中会产生海量的数据,格式上有文件报表、声音、图片、视频等。在这些数据中有的数据是有效数据,也有的是无效数据,所以需要在这些海量数据中提取有效数据,进而可以把隐藏在一大批看来杂乱无章的数据中的信息集中和提炼出来,从而找出所研究对象的内在规律。

再如,针对建筑结构,大数据技术可通过历年数据挖掘分析,对相关病害的发展趋势进行预判,方便管理者清晰地了解建筑结构的整体趋势情况,对高速变化、恶化的局部构件进行维护,也可以对同类型的结构进行横向类比,并制定更具针对性、有效性的修改维护方案。

习　题

1. 常见的经典数据分析方法和手段有哪几种?
2. 什么是智能? 其有哪些主要特征?
3. 人工智能研究的基本内容包括哪些方面?
4. 机器思维需要开展哪些方面的研究工作?
5. 一个学习系统应具有哪些条件和能力?
6. 机器学习的发展经历了哪几个阶段?
7. 机器学习的常用算法包括哪些内容?
8. 相比单纯的人工分析,采用机器学习的方法具有哪些优点?
9. AI 辅助检测判断的流程包括哪些内容?
10. 大数据具有哪几大特征?
11. 大数据包括哪几种数据类型?
12. 大数据分析一般具备哪几个思维方式?

本章参考文献

[1] 住房和城乡建设部.普通混凝土配合比设计规程:JGJ 55—2011[S].北京.中国建筑工程出版社,2000.

[2] 四川升拓检测技术股份有限公司.混凝土材料及结构综合检测技术体系[R].2012.

[3] 吴佳晔.土木工程检测与测试[M].北京:高等教育出版社,2015.

[4] 张俊哲.无损检测技术及其应用[M].北京:科学出版社,2010.

[5] 林维正.土木工程质量无损检测技术[M].北京:中国电力出版社,2008.

[6] 袁梅宇.数据挖掘与机器学习——WEKA 应用技术与实践[M].2 版.北京:清华大学出版社,2016.

[7] 王永庆.人工智能原理与方法[M].西安:西安交通大学出版社,2006.

[8] 彭健.人工智能的关键性技术[J].互联网经济,2018,12:46-51.

第4章 数据展现与应用

本章介绍了土木工程信息化中的数据展现及应用,内容包括获得的数据的视觉表现,基于数据的反馈、预测及控制,以及 PDCA 项目管理理论等。从数据展示场景介绍到自动化技术在土木工程设计—施工—运营全过程中的相关应用,概括了数据从展示到运用的过程。

4.1 数据展现

数据展现是指将数据以视觉的形式(如图表或地图)来呈现,以帮助人们了解这些数据的意义。由于人类大脑对视觉信息的处理优于对文本的处理,因此,使用图表、图形和设计元素,数据展现可以容易地解释数据模式、趋势、统计数据和数据相关性。某监控展现平台如图 4-1 所示。

图 4-1 某监控展现平台

数据展现通常需要7个步骤：获取(Acquire)、分析(Parse)、过滤(Filter)、挖掘(Mine)、呈现(Represent)、修饰(Refine)和交互(Interact)。随着计算机技术的不断进步，数据的展现水平也在不断提高。目前，主要采用专用软件来展现数据。

4.1.1 数据展现的主要类型

根据分析数据的种类，数据展现大致可以分为统计数据、关系数据、地理空间数据、时间序列数据和文本数据的展现。

一、数据展现类型

从展现图表的类型来看，主要有以下几种。

1. 柱状图与条形图

展示多个分类的数据变化和同类别各变量之间的比较情况。适用于对比分类数据，但分类过多则无法展示数据特点。

2. 折线图

展示数据随时间或有序类别的波动情况的趋势变化。适用于有序的类别，如时间，但无序的类别则无法展示数据特点。

3. 散点图、气泡图

用于发现各变量之间的关系。适用于存在大量数据点，结果更精准，如回归分析，但数据量小时会比较混乱。

4. 饼图、环形图、旭日图

用来展示各类别占比，如男女比例。适用于了解数据的分布情况，但分类过多，则扇形越小，无法展现图表。

5. 地图、气泡地图、点状地图、轨迹地图

用颜色的深浅来展示区域范围的数值大小。适用于展现呈面状但属分散分布的数据，如人口密度等，但数据分布和地理区域大小不对称。通常大量数据会集中在地理区域范围小的人口密集区，容易造成用户对数据的误解。

6. 热力图

以特殊高亮的形式显示数值大小和位置分布。适用于直观清晰地看到每个区域的数值大小，但不适用于数值字段是汇总值、需要连续数值数据分布的情形。

7. 矩形树图

展现同一层级不同分类的占比情况，还可以展现同一个分类下子级的占比情况，如商品品类等。适用于展示父子层级占比的树形数据，但不适合展现不同层级的数据，如组织架构图。每个分类不适合放在一起看占比情况。

旭日图和矩形树图如图4-2所示。

8. 词云

展现文本信息，对出现频率较高的关键词予以视觉上的突出，如用户画像的标签。适用于

在大量文本中提取关键词,但不适用于数据太少或数据区分度不大的文本。

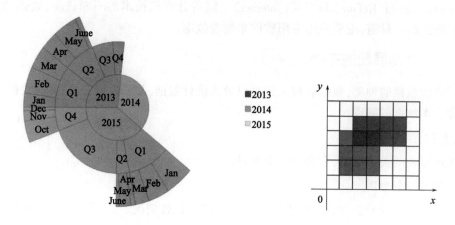

图 4-2 旭日图(左)和矩形树图(右)

9. 仪表盘

展现某个指标的完成情况。适用于展示项目进度(累计情况),但不适用于展示数据的分布特征等。

10. 雷达图

将多个分类的数据量映射到坐标轴上,对比某项目不同属性的特点。适用于了解同类别不同属性的综合情况,以及比较不同类别的相同属性差异,但分类过多或变量过多,会比较混乱。

11. 漏斗图

用梯形面积表示某个环节业务量与上一个环节之间的差异。适用于有固定流程并且环节较多的分析,可直观地显示转化率和流失率,但不适用于无序的类别或没有流程关系的变量。

12. 瀑布图

采用绝对值与相对值结合的方式,展示各成分分布构成情况,如各项生活开支的占比情况。适用于展示数据的累计变化过程,但当各类别数据差别太大时则难以比较。

13. 桑葚图、和弦图

一种特定类型的流程图,图中延伸的分支的宽度对应数据流量的大小,起始流量总和始终与结束流量总和保持平衡,如能量流动等。适用于表示数据的流向,但不适用于起始流量和结束流量不同的场景。

14. 箱线图

利用数据中的 5 个统计量(最小值、第一四分位数、中位数、第三四分位数与最大值)来描述数据的一种方法。适用于展示一组数据分散的情况,特别适用于对几个样本的比较,但对于大数据量,反映的形状信息会模糊不清。

雷达图和和弦图如图 4-3 所示。

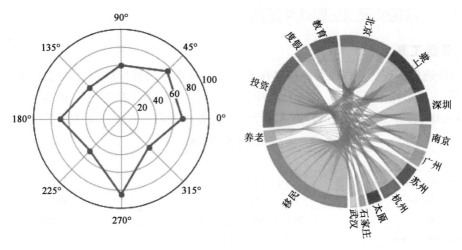

图 4-3 雷达图和和弦图

二、大数据展现

大数据展现分析是大数据分析的一个重要分支,该方法将人所具备的、机器并不擅长的认知能力融入分析过程中,可提升数据分析的效率和准确性,并可对高维数据进行直观呈现。

大数据的数据种类多,在数据集中后表现为数据的维度高。高维数据难以有效地展现,且会引起数据分析中的维度灾难问题,即数据集在高维空间中分布稀疏,缺乏足够的数据构建模型。传统数据分析常以降维的方式减少数据集中的变量数,由此也会带来原始数据集中信息量的减少。大数据展现分析为有效地呈现、分析高维数据提供了新的思路。

平行坐标图是展现高维多元数据的一种常用方法。为了显示多维空间中的一组对象,绘制多条平行且等距分布的轴,并将多维空间中的对象表示为在平行轴上具有顶点的折线。顶点在每个轴上的位置就对应了对象在该维度中的变量数值。平行坐标图如图 4-4 所示。

图 4-4 平行坐标图(尺寸单位:cm)

平行坐标图将人的认知能力融入数据分析中,为无法使用有监督学习及无监督学习不稳定情况下的模式识别提供了新的思路,并可直接对原始高维数据进行展现,因而在建设、养管等领域中有着非常重要的应用。例如,在结构健康监测中,PCP 方法可用于识别传感器故障引起的数据异常,其趋势模式还可呈现环境荷载与结构响应之间的局部相关关系,且能够反映大数据分析追求相关关系而非因果关系的思维方式。

4.1.2　数据展现的主要软件工具

一、开源工具

数据展现的实现一般依赖开源程序作为支柱。学术界的数据展现大多基于 R 语言进行静态绘图,主要适用于统计学。商业环境中的可视化主要是面向普通大众,因为具有交互性的 Processing、D3.js 等主流工具,所以更适用于交互性数据展示。常用开源展现工具见表 4-1。

常用开源展现工具　　　　　　　　　　　　　　表 4-1

工 具 名 称	官 方 网 址	主 要 特 点
Processing	http:/processing. org/	移植性强
ColorBrewer	http://colorbrewer2. org/	侧重颜色
R	http://www. r-project. org/	统计分析
Google Chart Tools	https://developers. google. com/chart/	统计分析
Impure	http://www. . impure. com/	可视化编程
Envision. js	http://www. humblesoftware. com/envision/	异步交互
RAWGraphs	http://rawgraphs. io/	基于 D3. js
Google Fusion Tables	https://developers. google. com/fusiontables	云计算
百度 Echarts	https://echarts. apache. org/zh/index. html	纯 Java 的图表库

开源工具在一定程度上推动了数据展现的进步,许多工具都是在现有的基础上进行改进和完善。例如,百度 Echarts 依靠纯 Java 图表库,底层依赖轻量级的 Canvas 类库 Zrender,使数据展现更为直观、生动且可交互。

二、商业工具

开源的展现工具通常需要一定的编程能力,且在资源共享上有不便之处,往往不适合企业用于商业用途。因此,有许多公司带领团队推出了商业性质的数据展现工具,如腾讯云图、Excel、亿信 BI 等(表 4-2),其中 Excel 是微软推出的办公软件之一,可以快速浏览数据并创建展现图形,但由于样式及颜色的限制,难以在专业刊物、网站等场合使用。而亿信 BI 则可轻松实现中国式报表、dashboard 仪表盘、统计图、地图分析、分析报告、多维分析等,它不需要编程,仅通过简单的拖拽操作即可完成。对比 Excel,亿信 BI 是专业应对数据展现方案的利器,主要表现在其具备数据展现、聚焦/深挖、灵活分析、交互设计等功能。

常 用 商 用 工 具　　　　　　　　　　　　　　表 4-2

工 具 名 称	官 方 网 址	主 要 特 点
Tableau	https://www. tableau. com/	无须编程
Splunk	https://www. splunk. com/	机器数据引擎
CartoDB	https://cartodb. com/	侧重地理
Visual. ly	http://visual. ly/	教育和公共社交
Excel	http://www. . microsoft. com/	入门级
腾讯云图	https://cloud. tencent. com/document/product/	图形化编辑
阿里 DataV	https://www. aliyun. com/product/bigdata/datav	与阿里系数据库衔接
亿信 BI	http://www. esensoft. com/products/bi. html	中国式报表

三、可视化分析实例

1. 百度 Echarts

百度 Echarts 使用 Java Script 实现的开源可视化库,平台应用于 PC 和移动设备,兼容性上可与当前绝大部分浏览器(IE8/9/10/11,Chrome,Firefox,Safari 等)匹配,底层依赖矢量图形库 Zrender,为用户提供直观、交互丰富、个性化定制的数据展现图表(图4-5 和图4-6)。

图 4-5　丰富展现类型

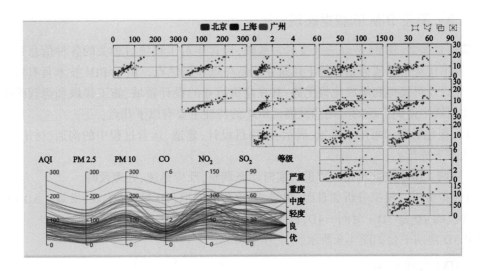

图 4-6　深度的交互式数据探索

更多资源信息详见:https://echarts.apache.org/zh/feature.html#interaction。

2. 腾讯云图

腾讯云图作为腾讯旗下的商业工具,适用于政府工作指数、地理位置信息、销售实时监控等多种行业大屏展示需求,支持从静态数据、CSV 文件、公网数据库、腾讯云数据库和 API 等多种数据源接入数据,通过配置数据源可以动态实时更新。统一的资源管理使得数据和图片可以方便快捷地重复使用。

以"大数据展示"为应用案例,企业及项目在完成数据源的链接后想展示云计算服务的各种关键业务实时情况,可通过不同图表体现任务总量、月度趋势变化、CPU 和内存的利用率等指标。大数据展示屏如图 4-7 所示。

图 4-7　大数据展示屏

4.1.3　基于 BIM 的数据展现

建筑信息模型(BIM)是以三维技术为基础,包含建筑工程项目相关的各种信息数据的模型,以其技术优势迅速成为新形势下建筑业的新亮点和新热点。由于 BIM 技术具有数字化展现、信息化以及可模拟和集成化等优势,其在建筑行业的设计领域、施工领域和运营维护领域等全生命周期中得到广泛的应用和发展。BIM 的特性主要有以下几点:

(1)可视化展现。可用于汇报、展示,使项目设计、建造、运营过程中的沟通、讨论、决策在可视化状态下进行。

(2)协调。BIM 能够对相关方进行实时动态调整,反应迅速,处理及时。

(3)模拟分析。模拟分析如日照、视线、紧急疏散模拟,4D 模拟(宏观、微观),5D 模拟等。我们通常说的 4D 是 3D + 时间 =4D,而 5D 是 4D + 成本 =5D。

BIM 5D 协同平台如图 4-8 所示。

一、BIM 展现应用

可以把 BIM 模型视为一个大型的建筑信息库,在开始施工之前,即可检视所有的建筑空间以及里面的相关设备和设施,甚至动态仿真施工到运维,进而有助于预测建筑物实际完成后会产生何种问题,了解未来工程的全貌及预计施工的过程,提前预防并解决错误的产生。

近年来,从地标性建筑到商业住宅,从基础设施到市政工程,都可以看到 BIM 的身影,其应用端也逐渐从设计向施工及运维方向延伸。

图 4-8 BIM 5D 协同平台

1.互动场景模拟

所谓的互动场景模拟就是 BIM 模型建好之后,将项目的空间信息、场景信息等纳入模型之中。再通过虚拟现实(VR)等新技术的配合,让业主、客户或租户通过 BIM 模型从不同的位置进入模型中相应的空间,进行一次虚拟的实体感受,让体验者有身临其境之感,能够通过模型进入商铺、大堂、电梯间、卫生间等各种空间,了解各空间的设施。

2.虚拟施工

在 2D 工作模式下,虚拟施工因为技术手段及信息收集不到位而难以实现,施工中往往有物料浪费、进度拖沓等现象。通过 BIM 技术对模型进行 3D 空间拓展,加上 4D(时间)维度,形成进度管理模型,再关联日、周、月等时间信息,可随时随地观察项目进度与施工计划之间的差别,及时进行调整与矫正。再通过其他相关的如云、物联网、射频技术等,可让施工方、监理方、业主方等对工程项目中的进度、物料使用状况、人员配置、现场布置及安全管理等方面一目了然,优化施工方案,可大大减少建筑质量问题、安全问题,减少返工和整改。BIM 虚拟施工如图 4-9 所示。

图 4-9 BIM 虚拟施工

3. 系统维护

传统的系统维护一般是运维方通过竣工图纸,再配合 Excel 等工具对建筑中各个系统、设备等相关数据进行了解,这样既缺乏时效性,也不够直观。借助 BIM 模型,业主维护人员可以快速掌握并熟悉建筑内各种系统设备数据、管道走向等资料,从而快速找到损坏的设备及出问题的管道。

4. 碰撞检查

传统 2D 工作模式往往需要设计人员对 N 张图纸进行套叠、排查,不但费时费力,还对核查人员的工作能力、经验及空间想象力有很高的要求,常常导致错漏碰缺。通过 BIM 技术,运用相关软件对所建立的信息化模型进行可视化的碰撞检查,可查看净高、管线之间的软硬碰撞,管线与结构之间的碰撞,自动生成碰撞报表,优化管线排布方案,指导施工人员正确高效的工作,进行施工交底、施工模拟,提高施工质量。BIM 碰撞检测过程如图 4-10 所示。

图 4-10　BIM 碰撞检测过程

二、轻量化应用

目前存在的 BIM 服务器多为 C/S 架构,对电脑软、硬件的配置要求都很高。例如,Autodesk 的 Revit 是目前全球建筑市场上最为常用的 BIM 软件平台,可以进行建筑的建模、浏览和记录相关的属性信息,同时拥有强大的功能和丰富易用的二次开发接口,但用户通过 Revit 软件浏览三维建筑模型时需要安装专业软件,对电脑软、硬件配置要求高,操作复杂,而且可能会破坏三维建筑模型原始数据,存在安全隐患。此外,由于 Revit 是基于 PC 端的一款专业软件,无法满足用户随时随地查看模型及其属性的需求,也无法满足用户在移动端查看的需求。C/S 架构的三维展现平台不够轻量化的弊端影响了 BIM 技术落地及 BIM 应用的推广,进而催生了人们对模型轻量化展示的强烈需求。

三维展现及 Web 端技术的发展为 BIM 轻量化提供了契机。而采用 B/S 架构,可以使 BIM 处理过程和结果呈现之间的分离较为明确,其主要运算一般都集中在服务器中。对于 B/S 架构而言,系统更加轻量化,其维护更方便。BIM 轻量化架构如图 4-11 所示,BIM 轻量化监测系统应用如图 4-12 所示。

图 4-11　BIM 轻量化架构

图 4-12　BIM 轻量化监测系统应用

4.2　基于数据的工程管理、预测与控制

4.2.1　工程管理

工程项目管理贯穿于土木工程施工建设的整体环节,主要包括对项目中的施工质量、安全、进度及投资管理等方面的内容,由此导致土木工程施工中的工程项目管理工作具有较强的复杂性。其中,PDCA 循环管理方法的运用,能够在很大程度上提高土木工程项目管理(特别是工程质量管理)的水平与效率,是工程管理的重要理论基础之一。

PDCA 循环作为全面质量管理体系运转的基本方法,也需要收集大量数据资料,并综合运用各种管理技术和方法。本节以结果为导向,分析传统施工管理模式的不足,面向工程施工管理主体单位,选择施工管理的典型性工作,以 PDCA 循环管理方法为基础,构建了一个典型的土木工程建设管理标准化、代表性的移动化管理平台,探索土木工程建设管理的数字化转型。同时,还介绍了钉钉(含简道云)搭建管理平台的案例。

一、传统土木工程施工管理的不足及对策

传统工程管理模式主要存在以下问题:

(1)作业效率低。施工管理中很多管理工作依靠纸质文件签字确认流转,现场查看确定,导致数据流转节点多、周期长、速度慢,并且还存在单据遗失、手工书写难以辨认等问题,造成效率低下、工程各方信息沟通不畅。

(2)现场管控弱。工程施工依靠管理人员责任心实施管理,施工情况无法确保,且工程管理人员的工作绩效难以定量衡量。

(3)质量安全监管难度大。工程现场证据难以获取与保存,项目进展难以衡量和记录反馈,签证变更精细化管理难度大,检查整改工作难以落实,反馈闭环等监管现状导致质量、安全标准化实时管理难度大。

(4)数据精准度不高且难以有效利用。工程施工过程中相关资料难以溯源,存在真实性欠缺、编写滞后且不能有效汇总现象,导致管理改善缺乏有效的数据支撑。

(5)管理成本高。很多管理环节都要耗费大量的纸张和印刷成本,更加重要的是,需要大量现场人员进行相关资料的打印、分发、管理,这些人员主要从事后台支持性、事务性的工作,造成管理成本居高不下。

二、PDCA 循环管理的概念和意义

PDCA 循环最早由美国质量管理专家休哈特博士提出,之后经过戴明进行采纳、改善与推广,由此得名戴明环。PDCA 循环实质上是一条经典管理流程,通常可以分为以下几个阶段:Plan(计划)、Do(执行)、Check(检查)、Action(处理),这几个阶段是螺旋形上升的路径,并非原地打转。而将 PDCA 循环管理模式应用于建筑工程的质量管理工作中,能够在很大程度上加强建筑工程施工过程的标准化,同时还可以加强对建筑工程施工现场的管理,进而保证建筑工程的质量。PDCA 循环的基本解释示意图如图 4-13 所示。

图 4-13　PDCA 循环的基本解释示意图

在建筑工程管理工作中加强 PDCA 管理,利用循环往复的形式对工程项目进行检查与管理,有利于及时发现工程施工过程中出现的问题并进行解决。

三、PDCA 循环管理的实际应用

针对传统土木工程施工管理模式的不足,人们利用移动互联网、云计算、大数据等数字化

技术,结合工程施工管理的 PDCA 循环管理理念,为建设方、监理方、施工方搭建了一个统一的、共享的移动应用平台。这里以某高架桥施工项目管理中的进度管理为例,简要介绍 PDCA 在进度管理中应用的具体工作步骤和实施内容。

某主线高架桥全桥共 7 联:$2 \times 30 + 3 \times 30 + (40 + 65 + 39) + 3 \times 30 + 3 \times 30 + 4 \times 30 + (32 + 32 + 31.736)$m,全长 689.736m。上部结构第 3 联采用钢箱梁,其余各跨均采用等截面现浇箱梁,下部结构桥台采用柱式台,桥墩采用花瓶墩和承台柱式墩,墩台基础均采用钻孔灌注桩基础。

高架桥施工分为两个工区:一工区下部结构有 8 个墩台,每个墩台处有 8 根桩;二工区下部结构有 14 个墩,每个墩台处有 4 根桩。每根桩施工工效为 1 个工作日,一工区承台施工工效为 9 个工作日,墩身施工工效为 11 个工作日;二工区承台施工工效为 8 个工作日,墩身施工按照难易程度不同工效有所差异;等截面现浇箱梁支架施工工效为 24 个工作日,上部结构现浇施工工效为 30 个工作日,钢箱梁施工工效为 90 个工作日。某主线高架桥如图4-14 所示。

图 4-14 某主线高架桥

1. P 阶段(计划阶段)

利用 PDCA 循环管理模式进行土木工程施工进度管理工作时,最重要的是制订目标计划,通过明确工程的施工目标,以此来制订施工进度计划,同时制订相应的管理制度;工程相关班组以此为依据进行施工建设。计划阶段工作内容可以概括为:分析条件、找出问题、制定目标。

根据上述工作步骤,分析该工程项目的进度目标,编制经济、合理的进度计划,得出该主线高架桥计划总工期为 359d。

某主线高架桥施工总进度计划如图 4-15 所示,项目资源计划如图 4-16 所示。

2. D 阶段(实施阶段)

实施阶段主要是根据工程施工的计划与目标进行相应的实施执行,并对其进行实时的监控与测量,确保工程能够严格根据原定计划进行施工建设,同时工程自身的质量、安全也能够得到保障。在工程施工过程中,相关人员还需要对其进行严格的监督与考核,定期或不定期地对其进行检查,确保更加高效地施工。实施阶段的工作内容可以概括为:细化目标、工作留痕、数据说话。施工进度管理的具体工作包括:

(1)技术交底。

(2)细化计划、分解目标。

(3)工作留痕。

（4）数据说话。

图 4-15　某主线高架桥施工总进度计划　　　　　图 4-16　项目资源计划

实施阶段主要的工作内容包括收集各工序实际施工工效数据、实际工程量完成数据、资源消耗和库存数据等，从"人、机、料、法、环"等方面全面掌握影响进度的主要因素。典型进度数据如图 4-17 所示。

图 4-17　典型进度数据

3. C 阶段（检查阶段）

当土木工程按照施工方案实施之后，相关参建单位的管理人员还需要对实施的结果进行详细的检查，明确制订的施工进度计划是否满足工程项目的标准与需要。此外，在检查工作完成后，相关人员还需要对其进行相应的总结，深入分析工程施工过程中所采取的技术与策略，同时将施工的结果与前期计划的效果进行对比，明确工程实际施工进度的结果与预计结果是否一致。检查阶段的工作内容可以概括为：落实检查、及时总结、结果对比。施工进度管理的具体工作包括：

（1）自检互检。

（2）专业检查。

（3）质量巡查。

（4）验收检查。

该主线高架桥在工程开工1个月后,通过对实施阶段采集到的数据进行进度检查分析。通过进度前锋线,管理人员可以直观地看出哪些环节进度滞后,及其对整个工程进度的影响。进度前锋线如图4-18所示。

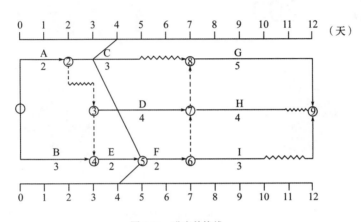

图4-18　进度前锋线

4．A阶段(处理阶段)

处理阶段应充分分析当前循环过程的检查结果,同时根据相关制度来对误差问题进行处理,并以此来制订出下一环节的操作方案。

针对该主线高架桥的进度数据进行分析,可以发现关键线路上的13号墩桩基工作影响总工期3d,其余几处滞后环节由于在非关键线路上,其进度滞后仅影响本工作,不影响总工期。项目完成时间预测及分析如图4-19所示。

项目完成时间预测（及分析）

项目滞后,预计总工期超出 3天
原计划:项目开始 2019-11-01,项目结束:2020-04-07 15:59:00,项目工期:159天
预　测:项目开始 2019-11-01,项目结束:2020-04-10 15:59:00,项目工期:162天

根据运行工作剩余时间预测工期
分解运行工作调整计划

超前的工作 | 滞后的工作 | 导致总工期的滞后的工作 | 导致总工期提前的工作 | 正在做的工作 | 前面已经完成的工作 | 后面要开始的工作 | 分解规则

编号	工作名称	计划开始	计划结束	工期	已用工期	实际%	计划%	预计结束	剩余工期	超/滞
1	1号台墩身	2019-11-19	2019-12-02	13	12	60	92.31	2019-12-06	5	4
2	18号墩承台	2019-11-23	2019-12-01	8	8	40	100	2019-12-06	4	4
3	17号墩承台	2019-11-23	2019-12-01	8	8	90	100	2019-12-02	1	1
4	22号墩墩身	2019-11-23	2019-12-04	11	8	60	72.73	2019-12-05	4	1
5	21号墩墩身	2019-11-23	2019-12-04	11	8	60	72.73	2019-12-05	4	1
6	14号墩桩基	2019-11-27	2019-12-01	7	4	50	100	2019-12-03	2	2
7	13号墩桩基	2019-11-27	2019-12-01	7	4	20	100	2019-12-04	3	3
8	5号墩桩基	2019-11-27	2019-12-05	8	4	20	50	2019-12-07	6	2
9	6号墩桩基	2019-11-27	2019-12-05	8	4	30	50	2019-12-07	5	1
10	16号墩承台	2019-11-27	2019-12-05	7	4	60	50	2019-12-04	3	-1
11	15号墩承台	2019-11-27	2019-12-05	8	4	50	50	2019-12-05	4	0
12	3号墩承台	2019-11-27	2019-12-06	9	4	50	44.44	2019-12-06	4	-1
13	4号墩承台	2019-11-27	2019-12-06	9	4	50	44.44	2019-12-06	4	-1
14	20号墩墩身	2019-11-27	2019-12-10	13	4	30	30.77	2019-12-10	9	0
15	19号墩墩身	2019-11-27	2019-12-10	13	4	40	30.77	2019-12-09	7	-2
16	2号墩墩身	2019-11-28	2019-12-09	11	4	20	27.27	2019-12-10	8	-2

图4-19　项目完成时间预测及分析

13 号墩桩基施工进度滞后的原因分析:

(1)资源情况。劳动力进场分析如图 4-20 所示。

图 4-20　劳动力进场分析

(2)天气状况。晴雨表如图 4-21 所示。

图 4-21　晴雨表

通过分析发现,影响本月进度计划的主要原因为该地区本月进入雨季,全月下雨天数达 8d,项目部事先未做好雨天施工的预案,严重影响了工期。同时,本月项目部计划投入工人 210 人,实际到岗 200 人,对工期也有一定影响。

改进方式:根据上述分析结果,项目部应调整原有进度计划,应增加 1 个工作面,同时配套相应的班组;多渠道寻找材料供应商;立即编制雨季施工预案。

四、工程管理的数字化应用

工程管理的数字化建设的基本内容包括如下方面。

1)工程设计数字化

工程设计数字化包括产品的市场分析、方案设计、技术设计、工艺设计 4 个阶段的数字化,涉及基础技术、主体技术、支撑技术和应用技术 4 个层次。

2)决策管理数字化

决策管理数字化主要有面向决策管理,如决策支持系统(DSS)、数据挖掘技术(DM)、联机分析处理(OLAP)以及专家系统(ES)等;面向生产计划管理,如制造资源计划(MRPII)、企业资源计划(ERP)、供应链管理(SCM)、企业流程重组(BPR)等;面向质量管理,如全面质量管理(TQM)、质量功能展开(QFD)、在线质量检验、质量认证可靠性技术等;其他管理,如办公自动化(OA)、虚拟企业管理等。

3)商务活动数字化

商务活动数字化主要有电子商务(EC)、客户关系管理(CRM)、电子数据交换(EDI)等。

4)支撑环境数字化

支撑环境数字化包含互联网、数据库、大数据、物联网及其相关的软件环境。

当项目或企业完成信息化建设后,运用信息化系统进行的管理及运营就拥有如下几点优势:

(1)配置有完善的数字资料库及各类履历表,在方便资料查询共享的同时,又解决了纸质资料不易保管、存储的问题。

(2)能直观全面地查看项目进度(图4-22),保证项目的准确性及管理的及时性。

图4-22　项目进度

(3)数字式 BPM 流程(图4-23),既让审批申请过程清晰明了,又提高了流程运转效率。数据统计如图4-24所示。

(4)运营中的数据统计、分析,为后期的管理决策提供数据基础。

在信息时代,除了传统的物质生产外,人们越来越关注信息(包含信息获取、传递、分析处理及运用等)的价值。ERP 则是在信息化建设过程中逐步成熟的一套全面的信息管理体系。此外,随着移动办公需求的持续增加,以及企业需求的千差万别和不断变迁,近年来,以钉钉(阿里巴巴)、企业微信(腾讯)为代表的可自主定义的移动办公平台的崛起及快速迭代,为企业、工程(项目)管理提供了新的思路和工具。

所谓 ERP 系统,是对企业资源计划系统的简称,该系统是以信息技术为技术基础、以系统化的管理为思想的综合管理系统。

图 4-23　数字式 BPM 流程

图 4-24　数据统计

ERP 的定义:

(1)从管理思想的角度看,美国著名计算机咨询和评估集团 Gartner Group Inc. 对信息时代制造业管理信息系统的发展趋势和即将发生的变革做出了预测,提出了一整套企业管理系统体系标准。

(2)从软件产品的角度看,ERP 是一种综合应用了前端机/服务器体系、关系数据库结构、面向对象技术、图形用户界面、网络通信等信息化产业成果,以企业管理思想为灵魂的软件产品。

(3)从管理系统的角度看,ERP 系统是整合项目业务流程、基础财务数据、人力资源、物资资源、计算机硬件和信息化软件于一体的企业资源管理系统。ERP 概念层次图如图 4-25 所示。

传统的 ERP 系统存在初期投入高,修改、更新和升级困难等不足,而大多数项目工程真正需要的是一套简便、普及,可根据自身发展迭代的信息化管理系统,并且随着智能手机的普及及其性能的不断提升,对移动式的办公、管理平台的需求日益显著。在这种背景下,阿里巴巴开发的钉钉平台及腾讯开发的企业微信平台,正成为新一代 ERP 强有力的选项。

图 4-25 ERP 概念层次图

其中,钉钉平台能提升企业项目的协同效率及流程管理能力,具有如下特点。

(1)移动端 + PC 端的布局。

可随时随地通过客户端登录操作,保证项目办公的及时性和便利性。

(2)提供云服务器。

传统的 ERP 类软件都采用本地服务器的布局方式,异地访问速度慢。而钉钉采用分布式云服务器,既保证了数据备份安全,又保证了服务器响应速度。

(3)完善的通信沟通、时间管理机能。

与传统 ERP 类软件相比,钉钉提供扁平化、可视化的组织架构,方便沟通联系。同时,配置会议安排、日程提醒、定位签到等功能,如图 4-26 所示。

图 4-26 时间管理

（4）集成简道云开发工具。

每个项目每个业务，在不同的时间段都有自身的运行逻辑。但传统的 ERP 管理软件，在设定制作好流程后，基于资金或专业技术问题，几乎很难进行修改。而钉钉集成的简道云开发工具，通过拖拽、自定义业务逻辑顺序，设置用户数据权限，即可完成一套业务流程，并且随时可以根据自身发展，进行完善迭代，如图 4-27 所示。

图 4-27　自定义 BPM

（5）强大的统计报表。

除了传统的数据结果报表外，简道云还能将流程运转过程、周期等信息做成数据、图形报表并进行统计分析，从而可以从不同维度观察项目运行状况，如图 4-28 所示。

图 4-28　报表模板

4.2.2　工程预测

当前，以大型桥梁、隧道、超高层建筑为代表的基础设施的规模越来越大，复杂程度也越来越高。在各种因素的作用下,其性能及健康状态不可避免地会发生退化,进而造成设施的最终失效。而一旦发生由于失效引起的事故,所造成的人员、财产损失甚至是环境破坏往往不可估量。因此,在设施运行过程中,如果能在其性能退化的初期,尤其是尚未造成重大危害时,根据监测信息,及时发现异常或定量评价设施的健康状态,预测系统的剩余寿命,并在此基础上确定对系统维护的最佳时机,对于保障基础设施的安全运营、提高设施的可靠性和经济性具有重要意义。

在土木工程中,针对重要结构的监测一般称为结构健康监测(Structure Health Monitoring,简称 SHM),其主要利用远程监测技术,通过对结构的振动、变形及倾斜等状态数据的连续收集并分析,进而对结构的损伤程度和健康状态进行评判。自 20 世纪 80 年代起,SHM 就已在大型桥梁中得到了广泛应用,目前在我国的大跨径桥梁建设和运营中,SHM 已经成为标配。

近 10 年来,在工业领域随着对关键设备的可靠性和安全性要求的不断提高,监测技术的不断进步,准确地评估与预测设备未来一段时间发生失效的概率,亦即预测与健康管理(Prognostics and Health Management,简称 PHM)已经成为国内外的热门研究课题,并在航空航天、武器装备等安全和可靠性要求较高的领域体现了巨大的价值。20 世纪末,美国、英国等联合开发攻击机 F35 项目启动时,正式将设备性能预测与维修全面解决方案命名为 PHM,并随着该项目的成功,其 PHM 系统也代表了当时技术的最高水平。

SHM 与 PHM 的出发点都是基于监测数据。但与 SHM 相比,PHM 的范围更广,其不仅可以判断当前结构(系统)的健康或安全状态,还可以预测其剩余寿命。并在此基础上,以最小化代价为目标进行维修决策,进而提出最佳健康管理措施,如图 4-29 所示。

图 4-29　PHM 的基本组成结构

PHM 的关键在于通过监测、检测数据来预测设备、设施的剩余寿命。目前,剩余寿命的预测方法大致可以分为基于机理模型的研究方法和基于数据驱动的方法。由于现代设施、设备的复杂性和不确定性的不断增加,建立准确的机理模型的难度也不断增大,因此,基于数据驱动的方法逐渐成为主流。由此可见,获取可靠的数据对于保障结构的安全性、提高经济性等是十分重要的。

当前,PHM 在土木工程基础设施中的研究和应用成果还不多,但可以预见,在不久的将来其必定会成为基础设施养管技术研究的重要方向。

4.2.3 土木工程自动化技术

自动化技术在办公、机械、信息、工业、建筑等各个行业都得到越来越广泛的应用。同时，随着计算机技术、控制技术等的发展，自动化也从物理活动向着信息活动的自动化发展，如利用计算机来自动设计，而不只是辅助设计。当然，在建筑领域，自动化技术也渗透到勘察、设计、施工、监理、检测、养护管理等各个环节。

一、桥梁自动化勘察设计

中铁第四勘察设计院研发了针对桥梁勘察、设计、施工管理等平台，具体包括智能辅助勘察平台、智能辅助设计平台和桥梁工程量处理及知识管理系统，可实现勘察外业工作一站式处理，智能化桥式方案布置，三维参数化自动建模，分析、计算、配筋、出图一次性完成。桥梁智能辅助勘察平台和桥梁智能辅助设计平台如图 4-30 所示。

图 4-30　桥梁智能辅助勘察平台(左)和桥梁智能辅助设计平台(右)

二、道路自动化选线及虚拟建模

在公路、铁路工程中，对路线选择点的优化是一个非常复杂的组合优化问题。问题可以描述为在给定两点间找到一个序列使总成本最小。根据以往的研究经验，在道路选择优化中有两个关键因素，即一个好的搜索算法和一个精确有效的计算总综合成本的方法。

在铁路工程中，西南交通大学高速铁路线路工程教育部重点实验室开发了铁路数字化选线系统，这个系统集成了三维大场景地质环境建模平台。系统的数据源来自航测信息及网络免费地理信息等空间信息，该系统具有信息的识别、处理、表达、人机交互式操作等一系列功能，适用范围广，可用于铁路项目的前期规划、初步设计和施工图设计、建设施工和运营管理的全生命周期。大屏幕投影式半投入型虚拟环境系统如图 4-31 所示。

三、路桥隧综合管理系统

某路桥隧综合管理及健康监测系统核心包括 GIS 技术、三维技术、数据交换技术、健康监测传感器技术、"插件式"系统架构。核心模块包括路桥隧管理子系统、地理信息子系统、桥梁健康监测子系统、数据交换子系统，如图 4-32 所示。

该系统具有以下特点：①分层＋扁平化的授权模式，让信息流通起来；②路桥隧子系统收集结构化数据，健康监测收集实时数据；③丰富的自定义报表和统计功能；④养护施工管理闭环，资金审批有据可依。

图 4-31 大屏幕投影式半投入型虚拟环境系统

图 4-32 某路桥隧综合管理系统

地理信息子系统可以整合地理信息,并分别按照三维地球、卫星地图和平面地图的效果呈现出来。数据交换平台软件子系统也可以整合系统设计规划。

数据监测子系统(图 4-33)可以分别针对结构温度、挠度、伸缩缝位移、应变等控制指标进行监测并支持个性化定制,同时还可以进行数据统计,生成报告报表,如图 4-34 所示。

a)温度监测

b)挠度监测

图 4-33 数据监测子系统

图 4-34　数据统计界面(左)和自动生成报表界面(右)

4.2.4　机器人技术

机器人技术为土木工程学科的发展带来新的机遇,人类的大规模体力劳动和恶劣环境下的工作必将被机器或机器人所取代。本节从机器人技术入手,介绍了机器人技术在土木工程智能建造和智能养护维修方面的典型应用。

一、机器人的基本构成

关于机器人的定义有很多,一般认为"机器人(Robot)是一种能够半自主或全自主工作的智能机器",它既可以接受人类指挥,又可以运行预先编排的程序,也可以根据以人工智能技术制定的原则纲领行动。目前,从应用环境出发将机器人分为两类:制造环境下的工业机器人和非制造环境下的服务与仿人型机器人,也可将其分为工业机器人与特种机器人。而在土木工程领域,主要是应用特种机器人。

无论是工业机器人还是特种机器人,都由机械部分、传感部分、控制与驱动三部分组成。

1. 机械部分

典型的工业机器人的机械结构系统由机身、手臂、末端操作器三大件组成。每一大件都有若干自由度,构成一个多自由度的机械系统。

2. 传感部分

传感部分由内部和外部的传感器模块组成,获取内部和外部环境中有用的信息。

3. 控制与驱动部分

控制系统的任务是根据机器人的作业指令及从传感器反馈回来的信号,支配机器人的执行机构去完成规定的运动和功能。根据控制原理控制系统可分为程序控制系统、适应性控制系统和人工智能控制系统。驱动系统是向机械结构系统提供动力的装置,其传动方式主要有液压式、气压式、电气式和机械式等。

二、数字液压工程机器人

数字液压工程机器人(图 4-35)是将液压技术与现有工程机械结合实现机器人化的经典案例。以工程机械为基础,将数字化、互联网、大数据和智能化等技术引入工程机械及工程施工中,不仅可以展现出数字液压传动与运动控制的精准、高效、易用和低维护、强耐受等特性,还能够发挥工程机械机器人化后的效率大幅提升、能耗迅速下降的优势。

三、自动摊铺碾压机群

自动摊铺机(图4-36)是一种主要用于高速公路上基层和面层各种材料摊铺作业的施工设备,其采用无线/有线通信技术,实现远程在线监测。在弯道摊铺作业时,可采用无人驾驶模式,这一功能充分显示了它的"机器人"特色。例如,四川铁路产业投资集团等在攀枝花至大理高速公路上成功实现沥青路面无人施工。机群配备了多级安全防范措施,实时监测现场施工情况,可实现自动预警、紧急停车、自动进退场、自动避障等安全防护,施工轨迹精确控制在2~3cm,极大地提高了施工质量。

图4-35 数字液压工程机器人

图4-36 沥青路面自动摊铺机

四、混凝土试件养护机器人

混凝土试件养护机器人专用于混凝土试块、水泥试块的恒温恒湿标准养护,由恒温主机、温湿度传感系统、工业级超声波加湿器等技术模块集成。为降低混凝土试件抗压强度检测过程中人为因素的影响,苏交科集团开发了一套适用于混凝土工程质量控制的智能养护检测机器人系统(图4-37),实现了养护及抗压试验过程的无人化。

图4-37 智能养护机器人

五、智能爬索机器人

智能爬索机器人通过集成先进的步进驱动系统、视频系统、雷达系统、测速系统、陀螺防翻转系统,实现了全时四驱、爬升返回、自动导航、定向定位、远程遥控功能,确保了机器人高空检测的准确性与科学性,如图 4-38 所示。

图 4-38　智能爬索机器人

六、梁板检查机器人

　　梁板检查机器人可高效、准确地对桥梁的腐蚀情况进行检测,并通过相机记录下桥梁出现裂缝的具体部位,指导修桥工人及时、准确地对桥梁进行修缮。内部搭载功能强大的雷达系统和智能传感器,还可分析出桥梁腐蚀程度的高低,并且按照颜色进行区分,其中蓝色代表腐蚀程度最轻微,红色代表腐蚀程度最严重。梁板检查机器人及数据处理界面如图 4-39 所示。

图 4-39　梁板检查机器人及数据处理界面(1ft = 2.54cm)

七、爬壁机器人

爬壁机器人(图4-40)是指可以在垂直墙壁上攀爬并完成作业的自动化机器人。爬壁机器人又称为壁面移动机器人,因为垂直壁面作业超出人的极限,因此,在国外又称为极限作业机器人。爬壁机器人必须具备吸附和移动两个基本功能。中国铁道科学研究院基础设施检测研究所自主研发的爬壁机器人采用十字形框架式结构,利用海绵真空负压吸盘组进行吸附。该机器人走行过程中具有位姿保持和调整能力,可保障雷达电磁波信号的稳定性和可靠性。爬壁机器人搭载地质雷达,可对隧道进行检测。

a)携雷达走行　　　　b)现场检测作业

图4-40 爬壁机器人

习 题

1. BIM 在设计—施工—运维阶段有哪些应用?
2. 可视化图表的类型有哪些(举5个类型即可)?
3. 路桥隧综合管理与健康监测系统核心技术及核心模块有哪些内容?
4. PDCA 循环由哪4部分内容组成?

本章参考文献

［1］廖衡湘,刘功.基于 BIM 的高速铁路接触网施工可视化培训应用研究［J］.科技经济导刊,2017(30):43-45.

［2］陈小燕,干丽萍,郭文平.大数据可视化工具比较及应用［J］.计算机教育,2018(6):97-102.

［3］司小胜,胡昌华.数据驱动的设备剩余寿命预测理论及应用［M］.北京:国防工业出版社,2016.

第二篇

实例篇　数字技术在土木工程中的应用

第5章 数字技术在工程建造中的应用

 学习导读

本章介绍了智慧工地的概念与特征,展现了当前智慧工地的典型应用场景。同时,以智慧管理云平台、连续压实控制系统、建筑基坑在线监测系统、隧道工程衬砌质量信息管理系统等应用场景为代表,详细剖析了其功能、组成、创新等方面,使学生在学习过程中有实际工程可以参考,领会各类工程建造数据的数字化应用。

5.1 智慧工地技术架构及模块

5.1.1 智慧工地的技术基础和架构

智慧工地是智慧工程建造在施工领域中的具体体现。智慧工地聚焦施工现场管理,通常由大屏管理中心、PC 客户端和 App 客户端三部分组成,形成由总平台面向多项目子平台、各个业务子系统的直线管控流程。系统涵盖了人员、监控、巡更、整改与罚款、车辆管理(碾压管理)、工程物联网监测、工程质量检测、资料管理、物料管理、劳务管理、行为识别、手机巡检等诸多子模块,适用于工程现场的人、机、料、法、环等各个关键要素环节。通过与施工过程相融合,智慧工地技术可以提高施工现场的生产效率、管理效率和决策能力。

智慧工地中的"智慧"体现在改进工程各干系组织和岗位人员相互交互的方式,以便提高交互的明确性、效率、灵活性和响应速度。要实现智慧工地,就必须要做到不同项目成员之间、不同软件产品之间的信息数据交换。由于这种信息交换涉及的项目成员种类繁多、项目阶段复杂且项目生命周期时间跨度大、应用软件产品数量众多,只有建立一个公开的信息交换标准,使所有软件产品通过这个公开标准实现互相之间的信息交换,才能实现不同项目成员和不同应用软件之间的信息流动。智慧工地大数据平台示例如图 5-1 所示。

图 5-1　智慧工地大数据平台示例

5.1.2　智慧工地功能模块

智慧工地涵盖的功能丰富多样,通常其系统由管理中心 + 功能模块构成。功能模块又可以按照采取数据的方法不同,分为基于固定物联网技术的远程监测,基于移动终端的数据采集、流程管理和交互等,且一般都具备统计、提醒等常见功能。

一、智慧工地管理中心

作为数据综合管理平台,智慧工地管理中心(图 5-2)是智慧工地的"大脑",进而将工地各个功能模块的数据指标进行整合,为管理者决策提供依据。数据综合管理平台主要包括:

(1)UI(用户)交互界面(含可视化展现等)。

(2)与各功能模块的接口。

(3)后台分析、流程管理等。

二、基于固定物联网技术的远程监测功能模块

1.基本架构

远程监测模块基于物联网技术、各种传感器、调制解调、有线/无线等多网络连接技术,并通过云储存与云计算来建立,在智慧建造中的应用十分广泛。工程物联网监测如图 5-3 所示。

相关资源见路桥隧监测视频二维码。

图 5-2 智慧工地管理中心

图 5-3 工程物联网监测

路桥隧监测视频

2.典型功能模块

1)工程结构变形、应力及环境监管模块

此模块针对工程结构变形、各项应力、场地环境(降雨、扬尘、噪声)等参数进行实时监测(图 5-4),通常结合地理信息系统使用。

2)人员实名制系统

人员实名制系统(图 5-5)也称智慧劳务管理系统,是以实名制管理为基础的人员管理体系,通过对施工现场人员实名授权,实现劳务结构分配、安全教育、门禁管理、考勤管理等功能。

图 5-4　工程结构变形、应力及环境监管模块

　　3）车辆出入及运行轨迹管理系统

　　车辆出入管理系统（图 5-6）集车牌识别系统、控制机、道闸、承重、轨迹等于一体，进行车辆出入权限管理与驾驶员实名制登记授权，严格管理工地车辆出入。此外，通过轨迹监测，可以防止违规操作。

图 5-5　人员实名制系统

图 5-6　车辆出入管理系统

　　4）数字展示监控系统

　　数字展示监控系统（图 5-7）运用基于地理信息系统开发的"数字沙盘"技术，直观掌握重要的空间信息，提升工程主要信息的展示效果，加之全景影像与实时视频提供现场更丰富的影像资料，可及时抓拍工地情况，保存超越传统资料的全方位展现。

　　此外，还有针对施工质量、安全的各种应用，详见本章第 5.2 节。

三、基于移动终端的智慧工地功能模块

　1. 基本架构

　　随着智能手机性能的不断提升，其越来越成为人们生活中不可或缺的一部分。移动式智能巡检系统一方面依托于智能手机的录音、拍摄、内置传感器及外接功能，通过外部链接设备或内部自有设备实现信号输入，利用手机的采集分析、通信能力等实现不同的功能。另一方面，利用手机强大的通信及交互机能，可以使人员、流程、资料等各种管理更加快捷。

图 5-7　数字展示监控系统

2. 典型功能模块

1) 基于手机声频的结构缺陷检测模块

使用手锤敲击测试位置,通过麦克风收集到的音频击振信号同标记数据比对,判断测试处是否存在缺陷或脱空,如图 5-8 和图 5-9 所示。相关资源见智慧工地——手机巡检演示二维码。

智慧工地——手机巡检演示

图 5-8　手机声频检测界面

图 5-9　等值线图

2）基于手机视频的结构缺陷检测及信息收集模块

通过手机的拍照功能，不仅可以检测裂缝宽度、裂缝轮廓识别等，还可以通过扫描二维码等方式，与各类信息进行互联。

图 5-10 是一个二维码公示系统，使用二维码 + 互联网云技术，可以达到信息共享、规范流程、提高施工效率和加强管理的目的。

图 5-10　二维码公示系统

拌和站与工地试验室

3）基于手机其他外置传感的检测模块

外接各类传感器可以大大延伸手机的现场检测领域。例如，通过外接加速度传感器等，不仅可以测试开口裂缝深度，还可以进行空置拉索、拉杆等的张力检测等。通过与电磁模块的无线连接，可以测试钢筋位置及检测保护层厚度等。

4）基于手机交互功能的应用模块

基于手机交互功能的应用，非常典型和普遍的系统为钉钉（在第 4 章已有说明）和企业微信。其高度集成了日常办公的大多数需求模块，当然也包含智慧工地所需的各类人员、物资、流程、项目、资金等管理模块。除了钉钉和企业微信这样高度集成化、模块化的系统之外，也可以单独构筑不同功能的模块。例如：

①教育、考试、罚款系统。

利于手机的交互特性,可实现教育及考试系统的移动化,摆脱了传统模式出卷难、认证难、监考难、评卷难等问题。同时,还可将线上罚单和线下罚款相结合,让整个过程变得更高效,及时发现问题并整改,对不良行为说"NO"。安全考试及 VR 教育系统如图 5-11 所示。

图 5-11　安全考试及 VR 教育系统

②施工进度管理系统。

项目管理人员根据现场进度情况,采用手机联动现场摄像头抓拍和现场拍照相结合的方式,对现场施工情况进行实时记录,如图 5-12 所示。

图 5-12　施工进度管理系统

四、大数据分析模块

由于智慧工地涉及的内容很多,收集的数据不仅数量庞大,而且种类众多。因此,对收集的数据进行深入分析和挖掘,可以大大提升系统的智慧程度,更好地发挥系统功效。其中,大数据和 AI 结合是非常有效的分析手段,也是未来的发展趋势。

对于智慧工地而言,安全、质量、经济性、工期等都是需要关注的对象。例如,根据前述 IoT、手机巡检以及流程管理,再通过 BIM、U3D 等可视化工具,可以将各类检测设备、监测系统和数据库进行连接,对重要结构物的建设质量,以及运营期状况的检测、监测数据进行可视化管理,从而实现重要结构的全生命周期管理的三维数字化系统,为保证施工质量、提升运营维护管理水平提供强大的支持。

5.2 智慧工地典型应用场景

在本节中,应用场景以某公路项目、基坑项目、隧道红线检测项目等提升品质的智慧工地系统为例,阐述其整体构成,并重点介绍其关键模块,如连续压实控制系统、全自动开挖监测系统、隧道检测信息系统等。

5.2.1 公路工程品质提升系统的整体构成

某公路局为了提升新建和扩建工程的建设质量,保障工程安全,构筑了以质量、安全管理为中心的智慧管理云平台,如图 5-13 和图 5-14 所示。相关资源见拌和站与工地试验室二维码。

图 5-13 基于数据源的平台功能架构示意图

该平台具有如下特点:

(1)可有效地提高工程整体质量和安全性,确保重点工程的优良质量。

(2)可有效地提高建设单位、参建单位(施工、监理、检测等)的信息化水平,并起到降本增效的作用。

(3)关注施工过程与实体质量,软、硬件紧密结合。

（4）基于模块化的构建思想，便于系统的升级、维护。

（5）可嵌入建设方已有的平台，避免重复性建设。

图 5-14　基于功能区分的平台功能架构示意图

5.2.2　连续压实控制系统

在填方工程中，材料的选取、压实质量的好坏与结构的耐久性有着密切的关系。当压实不到位，或者不均匀时，很容易造成结构的不均匀沉降，进而造成结构开裂等问题。严重时，还可能造成路基失稳，如图 5-15 所示。

图 5-15　路面开裂及路基失稳

连续压实控制系统主要针对路基、机场等填方工程的连续压实施工，通过厘米级的高精度定位设备，可实时远程监控压路机的轨迹、振动频率、碾压速率等参数，自动计算碾压遍数，生成碾压次数热力图，根据热力图计算各碾压遍数占比，施工过程中对漏碾、过碾等情况进行实

智慧连续压实视频

时处理。同时传感器采集碾压轮的振动数据,通过落球检测设备对压实指标(Compaction E Value,简称 CEV)值进行标定,然后计算路基 CEV 压实指标。碾压完成后可通过落球检测设备对碾压质量进行详细检测,连续计算其压实情况并绘制路基压实度云图,从而实现碾压、检测一体化管理。连续压实控制系统示意图如图 5-16 所示。相关资源见智慧连续压实视频二维码。

图 5-16　连续压实控制系统示意图

一、规程要求

连续压实控制系统满足公路、铁路路基填筑工程连续压实控制技术要求,在技术规程的指导下完成技术智能化控制。相关规程要求如下。

1.《公路路基填筑工程连续压实控制系统技术条件》(JT/T 1127—2017)

(1)测量设备的振动传感器宜采用加速度传感器,灵敏度应不小于 $10\text{mV}(\text{m/s}^2)$,量程应不小于 10g,频率响应应不大于 5kHz。

(2)测量设备的采集装置的模/数转换位数应不小于 16 位,采样频率应不小于 400Hz。

(3)控制测量设备操作,对测量信息进行实时采集、处理、显示和储存,记录施工相关参数等信息。

(4)根据得到的压实信息对压实度、压实均匀性、压实稳定性、压实状态分布及相关统计计量等进行实时分析并以数据和图形的方式显示。

(5)进行压实信息的传输管理。

2.《铁路路基填筑工程连续压实控制技术规程》(Q/CR 9210—2015)

(1)相邻两个轮迹碾压搭接宽度不小于 10cm。

(2)碾压测量过程中振动压路机振动频率的波动范围不应超过规定值的 ±0.5Hz。

(3)碾压测量过程中振动压路机保持匀速行驶,行驶速度宜为 3.0km/h,最大不应超过4.0km/h。

(4)此系统采用的传感器灵敏度为 $20\text{mV}(\text{m/s}^2)$,量程为 16g,频率响应小于 1kHz,采样频率为 500Hz,采样位数为 16 位。系统可实时绘制轨迹图并自动计算碾压遍数,根据振动数据监测压路机振动频率,自动监测压路机碾压速度并实时展示,对预设超速进行报警提示。前端采集的振动数据及轨迹数据实时传输到服务器,服务器对数据进行处理分析,并实时分析前后轮迹搭接宽度。

二、系统硬件模块

1.定位模块

采用卫星进行定位,差分方式可采用本地差分和网络差分。

2.振动模块

振动模块采用 6 轴传感器,可同时采集 X、Y、Z 轴加速度以及温度、倾角参数,采样频率为 500Hz。采用蓝牙无线数据传输方式将数据发送到采集终端。模块采用一体化封装,集成了采样、数/模转换、电源、蓝牙模块等。

3.采集终端

用于车载终端采集压路机振动数据、定位数据,并进行数据处理、数据发送,有平板电脑版和手机版两个版本,其功能基本相同。

采集终端主要用于收集定位模块及振动模块数据,将经纬度坐标转换为平面坐标,并绘制压路机碾压轨迹,计算碾压速度、碾压遍数等参数,同时对振动数据进行分析,计算 CEV 压实指标。最终通过 4G 网络将原始坐标参数、CEV 参数等上传至服务器,供服务器做进一步的联合分析。

4.落球式回弹模量测试仪

落球式回弹模量测试仪可对路基材料的变形(压缩)模量、回弹模量、强度指标 K30、弯沉、CBR 的指标进行检测,并进行 CEV 压实指标标定。

三、系统软件

系统软件包括压路机车载控制软件、运料车轨迹监测 App 和 Web 数据管理平台。

1. 压路和车载控制软件

车载连续压实控制软件可实时绘制碾压轨迹,显示碾压速度、振动频率及 CEV 压实指标,并具有 CEV 指标标定功能。

2. 运料车轨迹监测 App

运料车轨迹监测 App 可实时监测运料车的行驶轨迹,并计算运料次数,如图 5-17、图 5-18 所示。

图 5-17　车载平板连续压实控制软件

图 5-18　车载手机版连续压实控制
软件及运料车轨迹监测 App

3. Web 数据管理平台

Web 数据管理平台(图 5-19)可对项目基本信息进行设置,并对项目数据进行统计展示,实现远程实时在线监测压路机的工作情况,实时发现违规碾压、漏碾、欠碾等情况,并实时提醒驾驶员整改,避免事后难以整改或者整改成本大等问题。

四、系统主要功能

1. 远程在线监测压路机碾压情况

(1)实时绘制碾压轨迹,自动计算碾压次数。

(2)自动计算振动频率、碾压速率。

(3)自动绘制碾压轨迹热力图。

2. 自动计算并绘制基于 CEV 压实值的云图

CEV 值与其他方法相比,具有如下特点:

（1）CEV本身就是弹模指标，理论上与材料的弹模有良好的线性关系。

（2）CEV可以反映碾压轮的起振力、质量及宽度等指标，适用性更广。

（3）材料的泊松比同步在落球检测时反映，技术匹配更优。

图 5-19　Web 数据管理平台

3. 采用落球进行压实度检测

通过落球式回弹模量测试仪 + 定位模块，可以将检测数据精准定位到施工区域的各测点，准确反映出施工区域各测点的真实压实情况。

4. 手机 App 对运料车轨迹进行监测

手机 App 监测运料车轨迹及卸载动作，可自动计算运输次数，防止偷工减料现象。系统硬件安装示意图如图 5-20 所示。

图 5-20　系统硬件安装示意图

本系统通过实现下述功能,进而有效地提高施工效率与质量:

(1)可指导路基碾压工作,避免路基过压或欠压。

(2)可保证高效施工,提高路基压实均匀程度和稳定性。

(3)可整合连续压实数据和压实结果,易于查询分析检测结果。

(4)可统计资料,生成报告,考核施工进度和效果,掌握路基压实进展情况。

(5)可对碾压速率过快、振动频率不足等情况进行报警,提示操作手进行合规碾压。

实时远程监测现场碾压过程如图 5-21 所示,碾压轨迹热力图如图 5-22 所示。

图 5-21 实时远程监测现场碾压过程

图 5-22 碾压轨迹热力图

5.2.3 基坑、边坡开挖在线监测系统

一、基坑、边坡开挖监测意义

基坑、边坡开挖时,其稳定性直接影响工程的安全。因此,有关规范如《建筑基坑工程监

测技术标准》（GB 50497—2019）、《建筑边坡工程技术规范》（GB 50330—2013）等均要求对开挖过程进行监测。然而，许多重要的基坑仍采用人工定期采集数据方式进行监测，没有建立预测其安全性的自动化监测系统，难以及时发现这些基坑的异常状况，以做出相应的防患措施。例如，某些项目出现了基坑坍塌（图 5-23）事故，造成巨大的经济损失和不良的社会影响。

图 5-23　基坑坍塌

　　建立结构在线监测系统的目的在于实时分析基坑结构的安全性，实时监测支护结构的承载能力、运营状态和耐久性能等，以满足安全运营的要求。根据规范要求布设传感器，按照规范给出的阈值进行报警管理，通过实时的结构参数监控，可以实时分析基坑本体及其支护结构的重要参数的长期变化规律，从而及时有效地揭示基坑及其支护结构的安全状况。

　　下面以福州某建筑基坑为例，对基坑自动化监测系统进行详细介绍。

二、项目概述

　　该基坑位于福州市高新区旗山大道东侧，拟建建筑为 11 层建筑生产基地，下设一层联体地下室，地下室面积约 7442m²，周长约 354m，开挖深度为 5.55 ~ 7.15m。根据勘察报告，基坑侧壁安全等级为二级，重要性系数 $r = 1.0$，基坑正常使用期限为 12 个月。

三、监测系统框架

　　本次建筑基坑在线监测采用三维可视化监测管理系统平台，系统拓扑图如图 5-24 所示。

　　按照监测对象及监测内容，将基坑在线监测系统感知层划分为 3 个子系统：基坑本体监测子系统、环境监测子系统、周围建筑物监测子系统。

1. 基坑本体监测子系统

　　基坑所处地质情况一般较为复杂，加上可能出现的恶劣气候环境，如暴雨、雨雪等情况，对基坑的表面位移、内部位移等会造成不同程度的影响。因此，基坑施工过程中应对其进行实时监测。

2. 环境监测子系统

　　基坑所处的气候、水文环境对基坑稳定性有着较大影响，特别是地下水位变化等。因此，基坑施工过程中应对其进行实时监测。

图 5-24　监测系统拓扑图

3.周围建筑物监测子系统

受基坑稳定性影响,基坑周边建筑物可能会产生结构基础沉降、地表土体裂缝等问题,严重时可能造成建筑物倒塌事故。因此,基坑施工过程中应对其进行实时监测。

结构健康与安全监控预警系统包括多参数的监控及研究,需要根据自身特点来考虑系统测试的项目及测点的布置。只有这样才能建成一个具有实用性和先进性的健康与安全监控预警系统。

四、监测测点布置方案

本项目的测点布置如图 5-25 所示。

参数所选个数和分布,应该结合现场基坑实际情况确定;基坑监测参数的选择和传感器的精度,也应该符合国家基坑监测规范及基坑监测等级。

本基坑等级为二级基坑,基坑监测参数点位统计见表 5-1。

监测参数点位统计　　　　　　　　　　　　　　　　　　　　　　表 5-1

监 测 类 别	监 测 项 目	点 位 个 数
基坑本体位移	坡顶水平位移	18
	坡顶竖向位移	15
	深层土体水平位移	10
建筑物位移	电线杆水平位移	2
地下水位变化	地下水位变化	10

图 5-25 基坑在线监测点位布置示意图

预报警值依据项目设计规定进行设定,详见表 5-2。

监测报警标准 表 5-2

监 测 项 目	累计值(mm)	变化速率(mm/d)
坡顶水平位移	30	2
坡顶竖向位移	30	2
深层土体水平位移	30	3
地下水位变化	1000	500

注:1. 当监测项目的变化速率达到表中的规定值或连续 3d 超过该值的 70% 时应报警。

2. 周边建筑物整体倾斜度累计值达到 2/1000 或倾斜速率连续 3d 大于 $0.0001H/d$(H 为建筑物承重结构高度)时应报警。

3. 建筑物裂缝宽度达到 3mm,地表裂缝宽度达到 12mm,裂缝持续发展,满足以上条件之一应报警。

五、传感器的选型

感知系统通过各类传感器实时采集基坑相应技术数据,监测系统平台的数据来源,其稳定性和可靠性是整个管理系统的基本保障。其设计需要结合工程实际情况,根据监测参数类型,完成传感器选型与布点、现场总线布设、采集设备组网等工作。监测传感器选型表见表5-3。

监测传感器选型表　　　　　　　　　　　　　　　　　　　　　　表5-3

监测项目	基坑位移监测			环境监测
	坡顶水平位移	坡顶地表竖向位移	土体内部位移	地下水位
设备名称	智能全站仪	静力水准仪	导轮式固定测斜仪	水位计
设备图片				

六、数据采集、传输及三维可视化监测系统平台

采集传输系统主要包括数据采集、通信设备及相关软件等。

根据监测的现场环境,在被监测结构的相应地方设置监测点,然后将传感器安装在监测点上面,将现场所有安装的传感器连接到外场监测站,在外场监测站安装一个采集仪防护箱,所有的传感器连接电缆全部引进采集仪防护箱连接采集仪,系统由远程控制,通过采集仪采集传感器数据后,将传感器数据通过在线数据传输的方式直接传输到控制中心,并可以实时对采集点进行认证、连接、管理和控制。

在线监测管理系统平台的功能:

(1)一体化管理平台一个账户可实现对不同设施结构同时进行监测,不同结构不同项目不必重复采购安装监测软件。

(2)监测结构GIS地理定位功能。

(3)支持二维平面和BIM模型实现被测结构三维可视化展示和管理。

(4)系统管理平台包括Web端系统功能和移动客户端(App)。

(5)Web端系统功能包括实时监测模块、数据管理模块、安全评价模块、报表管理模块、工程管理模块、系统管理模块,可实现监测数据实时展示、各种历史数据查询、巡查数据管理、报表推送、数据趋势预测、项目和基坑各种信息参数设置及管理功能等。

(6)预报警信息推送,可采用系统页面实时显示及查询、报警新短信、报警信息邮箱推送等预报警方式。

系统实时监测界面如图5-26所示,数据管理历史数据曲线如图5-27所示。

图 5-26　系统实时监测界面

图 5-27　数据管理历史数据曲线

七、监测成果

该基坑在线监测历时 6 个月。监测结果显示,在挖土施工过程中因基坑内土体的开挖和坑内降水,造成基坑周围土体下沉和位移,但变形值未超过报警值。监测的数据总体正常,围护结构相对稳定,无重大险情出现。另外,因场地环境较为复杂,部分监测点因被遮挡而无法观测,导致部分监测内容资料不连续。

部分深层土体位移、地下水的变化一览表及曲线如图 5-28 所示。

a)地表水平位移累计变化趋势图

b)地表竖向位移累计变化趋势图

图 5-28

c)地下水位累计变化趋势图

图5-28 水平位移、竖向位移、地下水位部分数据变化曲线

5.2.4 隧道衬砌质量信息管理系统

隧道是公路、铁路等交通基础设施中重要的一环,隧道衬砌作为隧道支护的最后一道屏障,其施工质量越来越受到重视。特别是在铁路运输中,隧道衬砌掉落是危害行车安全的重大隐患之一,其质量、厚度及混凝土强度则直接纳入红线管理规定。某市政隧道内衬脱落事故如图5-29所示。

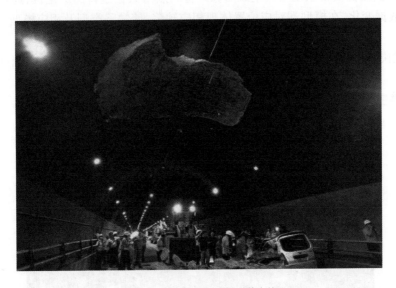

图5-29 某市政隧道内衬脱落事故

根据各项规程技术指导,隧道衬砌质量信息管理系统(图5-30)将各种检测方法得到的数据,通过 BIM/U3D 建模,实现参数快速建模、检测数据驱动模型变化、检测数据三维可视化展示等功能,进而直观展现结构质量安全信息。相关资源见智慧工地二维码。

智慧工地——隧道衬砌 AI 检测演示

图 5-30 系统组成

本系统具有如下特点：

（1）综合反映衬砌质量信息。将隧道衬砌的缺陷、强度等参数,通过模型系统全面展示。

（2）便于管理和定位。通过 BIM/U3D 技术将工程实体快速建模,将工程立体呈现。

（3）与详检、巡检设备联动直接生成图像。将测点与数据进行图形定位,通过检测实际数据驱动模型数据变化,在模型端对应位置体现相应缺陷,使缺陷类型及相应模型无缝衔接到模型实体。

（4）直观快捷地查询检测数据。在图上直接点击查询检测数据及报告文档即可快捷地查询检测数据。

隧道检测三维可视化展示如图 5-31 所示。

图 5-31

b)

图 5-31 隧道检测三维可视化展示

 习 题

1. 智能化系统具有哪些特征?

2. 连续压实控制系统采用的高精度 RTK 定位模块的精度是什么级别?

3. 基坑坍塌主要分为哪两类?

4. 三维可视化系统有什么作用?

本章参考文献

[1] 河北省质量技术监督局. 公路路基智能压实控制技术规程:DB 13/T 2572—2017[S].

[2] M. Mooney,D. White. Intelligent Soil Compaction Systems,[J]. Soil IC Project ,2010.

[3] 李天文. 现代测量学[M]. 2 版. 北京:科学出版社,2014.

[4] 中国铁路总公司. 铁路路基填筑工程连续压实控制技术规程:Q/CR 9210—2015[S]. 北京:中国铁道出版社,2015.

[5] 中华人民共和国交通运输部. 公路路基填筑工程连续压实控制系统技术条件:JT/T 1127—2017[S]. 北京:人民交通出版社股份有限公司,2017.

第6章　数字技术在工程养管中的应用

 学习导读

随着我国公路网的基本形成,路桥的数量和种类日益增多,路桥养护工作显得越来越重要。由于历史的原因,路桥养护工作在数字化、规范化、集约化和系统化方面还有很多工作要做。从数字化管理层面对路桥养护的资源问题和质量问题做出研究,并提出相应解决建议,是提高路桥运维周期的必要步骤。本文介绍了3个数字技术在路桥养管中的应用实例,目的在于拓展学生的视野,使其了解路桥数字化养护的总体情况。

6.1　福建省高速公路智慧养护管理系统

6.1.1　系统简介

福建省高速公路集团有限公司负责全省高速公路的"统一运营、集中管理",从2002年开始进行养护管理的信息化建设。2018年开始推进智慧养护管理平台,确定"统一、规范、共享、融合、高效、精细、科学、智慧"的养护信息化管理与应用目标,采用"总体规划、分步实施"的建设思路,通过整合优化原有各子系统,消除信息不对称、信息孤岛问题,采用数字技术逐步实现了养护信息服务智慧化和养护决策科学化。

一、业务应用架构

福建省高速公路智慧养护管理系统按照"1 + 2 + N"的架构进行建设,即1个体系、2个平台和N个业务系统,如图6-1所示。

1个体系:是指养护管理与信息化标准规范体系建设。

图 6-1　养护信息化应用架构图

2 个平台：是指养护信息化集成应用平台、养护大数据分析应用平台。

N 个业务系统：是指养护专业管理系统（N 个），分别面向管理决策层、执行层使用。

通过高速公路养护集成整合，最终实现养护工程项目的标准化、流程化、数字化、科学化、智能化管理。

二、总体技术架构

智慧养护管理系统总体技术架构上强调整合共享、高效协同，是一套基于 B/S 架构的信息管理与辅助决策系统。按照信息数字化流转过程，技术架构包含 6 层，自下至上依次为传感层、基础设施层、信息资源层、应用服务支撑层、应用层、接入层，如图 6-2 所示。

(1)传感层由桥梁、隧道、高边坡监测设备，火灾传感器，路面检测器等组成。

(2)基础设施层是主要基础承载网络及数据库，涵盖服务器、网络设备、存储设备、安全设备等。通过虚拟化技术将数据库建成了可定义、可动态调整的数据库，以满足不断变化的业务需求。基础设施层利用物联网、视频监控、射频识别、传感器、定位设备、二维码等信息采集设备，对路面、涵洞、隧道、桥梁等重要结构物进行监测和采集，为上层应用提供基础信息来源。

(3)信息资源层包括养护基础数据、养护主题数据、养护业务数据、空间地理信息及非结构化数据，为开展业务应用提供信息资源支撑服务。

(4)应用服务支撑层把各应用系统具有的共性的、基础性模块抽取出来，统一打造成为面向各应用系统共享、共用、可控的企业级信息化基础应用支撑平台，改变系统的"烟囱式"各自独立建设的状况，避免基础功能模块的重复开发，实现系统间的有效融合。

(5)应用层是根据数字高速管理和服务的需求建立的各种智慧应用和应用整合。主要包括针对养护业务的各类信息化应用系统、决策分析系统、日常养护管理系统（包括路面养护）、桥梁管理系统（包括涵洞）、隧道管理系统、交通安全设施管理系统、养护多媒体文档管理系统等。

（6）接入层通过各种服务渠道和服务形式向政府、企业和公众提供一体化、信息化服务，构建统一门户，提供一站式服务。

图6-2　高速公路智慧养护管理系统总体技术架构图

6.1.2　应用层介绍

一、综合养护管理系统

综合养护管理系统以养护业务管理为中心，覆盖了日常养护管理及养护资产管理、应急抢险及专项工程管理的工作内容。

整体架构分为基础数据库、管理应用和业务应用三部分，具有基础数据存储与查询、养护管理与统计、专业分析与决策等功能，如图6-3所示。

基础数据库包含基础设施信息库及养护技术标准库。基础设施信息库用于记录高速公路中所有道路相关资产信息的静态数据库，包括桥涵隧结构物、路面路基、边坡、交通设施、绿化相应的所有数据。养护技术标准库是针对高速公路养护过程中的技术要求进行统一规范的管理，方便对高速公路养护工作进行统计分析，为做好养护决策提供数据支撑。

管理应用包含养护管理IOC及养护信息门户两部分。养护管理IOC用于全面展示养护基础数据和养护业务数据，并提供应急协同作业功能，包括资产数据统计、日常养护管理、专项工程管理及应急协同。养护信息门户用于分级展示养护业务管理与决策的信息视图，根据不同的角色，显示不同的视图信息。

业务应用覆盖了智能应用、养护业务应用及专业应用与决策系统三部分内容，如图6-4所示。

图6-3　福建省高速公路养护管理平台信息视图

图6-4　福建省高速公路养护管理平台监控视图(左)和移动终端应用(右)

(1)智能应用。智能应用主要作用是建立养护工位监控及移动终端应用,实现养护数据的数字化流转,使一线养护生产人员能高效完成巡查、检查、维修等养护工作,使管理人员能快速进行流程审批、数据查阅、工作监管等操作,提高实际工作效率。

(2)养护业务应用。养护业务应用包括养护巡查、技术检查、小修维护、养护物资、检查考核、养护计划与进度、供应商管理、养护信用考核管理、基础站房管理、养护人员管理、养护机具管理、工程管理、采购管理、合同管理等常规功能。

(3)专业应用与决策系统。路况管理系统对高速公路的路面状况进行数字化管理和定量评价,包括评价单元管理、数据接口、路况数据管理、路况评定分析、评定统计汇总等。

二、道路便携智能巡检系统

道路巡检是公路日常养护管理中重要的工作内容和前置环节,是管理单位每天必须完成的工作之一。道路便携智能巡检系统是养护管理系统中日常养护专业应用系统的外业数据采集系统,是一套基于机器视觉信息的快速采集及智能分析系统。该系统基于人工智能,利用计算机视觉等先进技术,对路面宏观病害、路面洒落障碍物及路侧交安护栏破坏等日常巡检工作内容实现自动检测、自动识别、自动登记和自动对比。

技术框架包括传感器硬件集成部分、数据采集部分及数据智能分析三部分,如图 6-5 所示。其中数据智能分析主要包含以下 3 个模块:

(1)道路标牌自动识别测量模块:基本实现对标牌的自动识别,分类,定位,尺寸、高度测量,以及文字信息提取。

(2)道路沿线护栏隔离等基础设施检测模块:能实现对沿线护栏隔离带的自动识别分类及测量。

(3)道路病害自动检测模块:能实现对道路主要病害的自动检测及统计。

图 6-5　便携式智能巡检系统采集界面(左)和便携式智能巡检系统标志标牌自动识别展示(右)

三、桥梁养护管理系统

福建省高速公路桥梁养护管理平台系统为通用的桥梁养护管理系统,前期主要针对长大桥梁养护管理需求,遵循统一管理、统一目标、统一要求、统一部署的原则进行设计,将辖区内的长大桥梁养护管理系统做集中管理。下阶段将覆盖全部桥梁的养护管理。

该桥梁养护管理平台系统通过统一桥梁构件编码规则及病害数据采集格式,实现数据格式统一;利用数字信息技术,通过移动终端实现桥梁养护日常巡查、夜巡查、经常性检查、定期检测的数字化、智能化采集,提高作业效率和数据采集的准确性;结合平台 Web 端,应用系统分析的方法,开展数据挖掘、评估分析、多维度展示及报告生成等工作,打破现有养护资料保存、查询、使用、备份困难的局面,实现对重点病害发展的全过程管理和桥梁养护数字化管理,如图 6-6 所示。

四、长大桥梁监管系统

福建省高速公路长大桥梁监管系统(子平台)是桥梁养护管理系统的采集层应用系统,系统汇聚省内高速公路桥梁结构健康监测数据,实现桥梁构造物安全状况的集中监控、预警、响应、处置、检查、分析、评价等统一监管,如图 6-7 所示。

该系统基于一个中心数据库设计,依托数据中心实现分散数据资源的集中管理,通过统一数据标准,实现多源数据共享,保障桥梁大数据使用及存储安全。同时,可按照多地桥梁数量及其多源监测项进行灵活配置,既可实现对长大桥梁、特殊结构桥梁定制化部署,又具备中小桥安全监管系统的通用化部署。

图6-6　福建省高速公路省级养护平台结构图

图6-7　福建省高速公路长大桥梁监管平台信息总览图

系统技术架构自下而上分为感知层、网络层、平台层和应用层4个层次，形成一个有机整体。

（1）感知层：将结构物的各项监测指标转换成计算机可以处理的电信号和光信号，进而转换成数字信号。

（2）网络层：对感知层处理的数字信号进行可靠传输，通过虚拟专用网（VPN）专用通道及物联网技术，实现感知层与平台之间的数据安全可靠传输。

（3）平台层：是数据存储、数据分析、决策预警等服务的部署中心，是本系统的核心。平台层通过数据库技术实现结构化数据存储；通过建立算法工厂实现不同种类监测数据实时处理；通过多源异构数据整合技术实现不同子系统数据的整合；通过 MQTT 物联网传输协议实现非局域网环境下海量监测数据的远程传输。

（4）应用层：包含监测总览、实施监测、分析评估、监测预警 4 个核心模块，通过数据可视化技术，实现实时监测数据、数据分析结果、预警信息等内容的展示，并通过 Web 服务及 App 客户端解决不同场景下的用户使用需求。

五、桥梁手持式信息化外业采集系统

桥梁手持式信息化外业采集系统是一款对桥梁外观检查信息化采集的软件，集信息录入、资料管理、病害采集、分析评估和报告下载于一体，实现桥梁病害信息化检查，提升检查效率。系统针对传统桥梁检查存在的效率低下、可追溯性差、连续对比分析困难等缺点，设置了内容齐全、易于操作的数据链和业务管理功能，以不同的角色来区分操作页面模块和使用功能权限，设置灵活而全面的权限管理，充分考虑专业特点和现场作业以及便于质量管控的多个细节功能点设计，如图 6-8 所示。其功能特点如下。

图 6-8　外业手持式 App 病害决策页面

（1）App 端及 Web 端均有桥梁定期检查病害的数字处理功能，将桥梁病害信息数字化后形成展布图，用病害展布图来展示桥梁的病害信息。

（2）GPS 检查轨迹记录：系统自动记录病害检测的 GPS 轨迹，保证检测数据为现场采集数据，杜绝假数据。

（3）构件二维码信息标签：可对构件定位快速识别，并与系统信息交互，便于养护数字化管理。

六、边坡自动监测平台系统

福建省高速公路边坡自动化监测平台是正在打造的福建省高速公路边坡管理系统的采集层的应用系统，其数据采集管理基于 B/S 架构，集成了物理感知、数据传输、中间件、数据处理、数据支撑及数据展示发布六大功能模块。

该系统主要对灾害隐患点的表面变形、裂缝、深部位移、防护支挡结构的应力应变、地下水、降雨量、现场图像进行自动化连续监测，系统自动将监测数据数字化并进行远程数据传输和实时分析，通过云平台实现远程管控、智能分析和灾害预警，如图 6-9 所示。

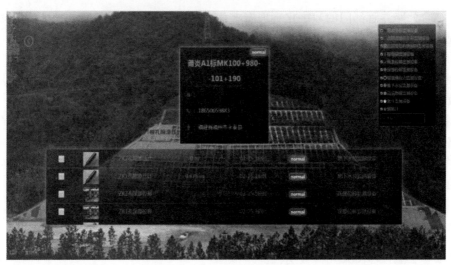

图 6-9　边坡自动监测数据总览图

子系统包括边坡表面变形非接触式监测系统、边坡表面裂缝监测系统、边坡内部滑移监测系统、结构物裂缝变形监测系统、结构物/地表倾斜状态监测系统、锚索预应力监测系统、北斗卫星地表宏观变形监测系统、边坡高清图像智能监控系统、可视化边坡智能监控路联网系统。

边坡自动监测平台系统解决了人工监测数据不连续、时效性差、数据意义抽象的问题，实现了提升安全监测频率至分钟级、监控信息实时发布、监测信息与边坡三维物理空间真实对应等目的。

6.2　河北省高速公路智慧养管系统 CPMS-Heb

6.2.1　系统简介

河北省高速公路智慧养管系统由公路技术状况评定系统、路面管理系统、日常养护管理系统、综合养护分析系统4个子系统组成。系统以公路的日常巡查和养护为核心功能,采用先进的技术架构,结合 GIS 地图与智能手机 App 等技术,通过对病害与养护流程的规范化管理,实现了高效的公路养护的数字化管理。系统整体技术架构如图 6-10 所示。

图 6-10　河北省高速公路智慧养管系统架构

系统结合公路养管部门的数字化管理需求,以公路日常巡查和养护管理为核心,设计和实现满足现代化公路养护管理需求的综合型智慧公路信息化系统和运维监控管理平台。主要应用价值如下:

(1)智慧监测:利用物联网智能硬件设备和无线传输技术,实时采集和监测公路设施的各类指标数据。

(2)智慧养护:通过对养护流程的规范化管理,实现从病害上报,到派单、养护、审核的完整的公路巡检养护数字化管理。

(3)智慧管理:通过整合公路监测数据、养护数据和视频数据等,实现以公路数字化养护为核心的综合运维监控管理平台。

(4)智慧服务:通过人、车、路的互联互通,及时联网发布交通信息及路况信息等,提高公路信息服务水平和质量。

6.2.2　公路技术状况评定系统

公路技术状况评定系统是根据《公路技术状况评定标准》(JTG 5210—2018)开发,由公路数据库(Datainfo)和公路技术状况评定系统(MQI)两个子系统组成。

一、公路数据库

2001 年以公路普查为契机建立了全国多级公路数据库系统,该系统历经多年的数据推广更新,已包括九大指标集、80 多张数据表、800 多个数据项。用户涉及全国 23 个省(自治区、直辖市)、400 多个地市、4000 多个区县,已经成为全国交通行业统一的资源共享平台。

通过系统提供的各个模型和功能的运行,用户可直观地了解现有公路过去、当前和将来若干年内的营运状况,从而合理安排有限的养护资金,及时、经济、有效地对公路实施养护和维修,达到延长公路使用寿命,充分发挥其营运效能,确保交通运输安全通畅的目的。

公路数据库的主要功能是对公路的路线、路面、路基、构造物、设施和交通流量等有关信息进行数字化管理,它是公路资产管理系统各项决策的基础。公路数据库具有如下技术特点：

（1）能够用于沥青路面、水泥路面和砂石路面的资产管理。

（2）与国内外的高效检测设备（如自动弯沉仪、道路平整度仪、摩擦系数测试车 SCRIM、路况数据采集仪 PCR 和道路景观采集系统 RDView 等）实现数据互联和数字化通信传输。

（3）具有数据加工、数据处理、数据保存、指标计算、路段数据自动生成、数据批量处理、数据库定期备份、数据恢复等功能。

二、公路技术状况评定系统

公路技术状况评定系统是贯彻《公路技术状况评定标准》（JTG 5210—2018）的系统软件，其作用是为各级公路管理部门实施公路技术状况检测、评定、统计和报表，提供快速、准确的计算工具，实现公路技术状况检测评定的数字化。公路技术状况包含路面、路基、桥隧构造物和沿线设施四部分评价内容，其中路面包括沥青路面、水泥混凝土路面和砂石路面。

6.2.3 路面管理系统

路面管理系统（Pavement Management System，简称 PMS）是近 20 年来在道路工程界出现的一个新研究领域，其研究起源于美国和加拿大，最初针对的是路面的养护和改建。作为公路管理部门，应该尽快建立起自己辖区内的路面管理系统，运用现代管理科学的理论、系统的分析方法和计算机技术手段，为路面的养护、改建提供科学的数据和分析方法，以便有效地使用有限的资源，提供良好服务水平的路面，最终达到降低整个社会的交通运输成本、节约社会资源的目的。路面管理系统的功能主要体现在以下几个方面：

（1）利用路面使用性能数字化评价模型，通过对路网使用性能评价，分析现有路网内路面状况及今后路面状况变化，了解路网的基本状况。

（2）利用速度预测模型，针对路网中不同的道路和交通条件，分析预测各路段的道路通行能力及车流速度，进行路网内需养护、新建、改建项目的规划。

（3）规定路网各级道路的养护标准，估计路网的养护需求，并对新建、改建项目进行优先排序。

（4）分析年度内路网达到不同预订服务水平时所需的最小投资额。

（5）利用优化决策模型对各行政区域或不同等级道路或养护、新建、改建项目的资金进行优化分配，分析不同投资水平对路网使用性能的影响，确定最佳和合理的投资水平，实现养护决策数字化。

（6）敏感性及风险性分析。在新建或改建可选方案间进行分析比较，确定技术可行及社会效益和经济效益最好的新建、改建方案。

总之，路面管理系统的作用是为管理部门提供一个平台，使其对道路的管理科学化、规范化、高效化，提高道路总体服务水平，节约整个社会的交通运输成本。

一、公路模型数据库

公路模型数据库是路面管理系统的重要组成部分之一。公路养护分析所要求输入的各种标准、参数、路面结构、评价模型和预测模型等数据信息都集中在公路模型数据库中，实行统一管理。公路模型数据库主要包括如下内容：

(1)路面评价及交通量划分标准。

(2)路面结构与养护方案。

(3)路面评价模型。

(4)路面性能预测模型。

(5)优先排序模型。

(6)路面养护决策模型。

公路模型数据库负责为公路数据库、路面管理系统提供模型计算需要的相关信息和参数。其中公路路面数据库提供面层结构、基层结构和路面结构(养护方案),路面管理系统则提供评价标准、养护标准、评价模型、预测模型、排序模型、决策模型等信息。

二、路面管理系统

路面管理系统也称路网养护决策系统,其主要作用是为公路规划、管理与养护技术人员提供路面技术状况评价、路面养护需求分析、路面养护预算分析和路面养护计划编制的辅助决策工具。路面养护分析是路面管理系统的核心,主要功能包括:

(1)路面技术状况评价。

(2)路面养护需求分析。

(3)路面养护预算分析。

(4)养护投资效益分析。

(5)养护预算优化分配。

(6)路面养护工程计划编制。

其中,路面养护工程计划的养护分析基础是路面养护需求分析、路面养护预算分析和养护预算优化分配的决策分析结果。所以,必须完成三者之一的养护决策分析,才能实施路面养护工程计划。导入公路数据库或公路模型数据库的数据后,路面管理系统的这6项路面养护分析的决策分析结果将全部作废。

6.3 四川省高速公路桥梁安全监测示范系统

6.3.1 项目概况

为切实提高公路桥隧安全运营和养护管理技术水平,四川省高速公路建设开发集团有限公司(川高公司)对其管辖范围内高速公路重点桥梁安全监测系统进行示范工程建设。

示范工程需覆盖四川省高速公路路网中典型的特殊桥梁结构类型,即斜拉桥、中下承式拱桥、连续刚构桥和无黏结预应力钢筋混凝土简支梁,对这些结构形式的桥梁各选择一座分别建立结构安全监测系统,进行示范运行,并根据运行情况逐步在川高公司所管辖的桥梁结构中推广,并逐渐向隧道和高危边坡的监测进行扩展。

为了达到尽快实现示范系统之目的,桥梁安全监测示范系统主要包括以下内容:

(1)传感器监测系统的建立:以安全风险分析为基础建立传感器监测系统,实现数据实时采集和数字化传输。

(2)基本预警功能的建立:对监测数据进行分析评价,实现无模型方式的预警。

（3）基本承载能力评定的建立：对监测数据以校验系数为依据进行承载能力计算分析并进行初步评定。

在示范系统建设完毕后，可逐步将其扩充为运维信息系统，从而更全面地发挥安全监测系统的作用。在安全监测示范系统构思过程中采用了系统＋服务的理念。其总体框架如图6-11所示。

图6-11　安全监测系统总体框架

6.3.2　安全分析及测点布置

针对不同类型的桥梁，基于结构安全分析确定桥梁的监测内容项目，在此基础上确定传感器的选型、测点布置和数据采集方案。

一、连续刚构桥（黑石沟特大桥）

雅西高速黑石沟特大桥主桥上部结构为 55m＋120m＋200m＋105m 连续刚构桥，主梁为分幅式单箱单室截面，桥面宽度为 24.5m。荷载等级为公路—Ⅰ级；主梁为三向预应力混凝土结构，采用单箱单室截面，箱顶板宽 12.1m，底板宽 6.8m。箱梁跨中及边跨现浇段梁高 3.868m，箱梁根部断面和墩顶 0 号梁段高 12.818m。主墩采用分幅式钢管混凝土组合高墩，墩顶横桥向 6.8m，顺桥向 10m，钢管混凝土格构柱为 4 根 1320mm 钢管，管内灌注 C80 混凝土，钢管混凝土柱间用型钢连接。主墩基础为 16 根直径 2.5m 的钻孔灌注嵌岩桩。

针对以黑石沟特大桥为代表的连续刚构桥梁特点进行了安全分析，分析内容见表6-1。在此基础上确定了连续刚构桥梁的监测内容、传感器选型和测点布置方案，具体见表6-2，具体测点布置如图6-12所示。

黑石沟特大桥安全风险分析汇总表　　　　　表6-1

序号	风险	概率	危害	是否属于安全风险	示范项目安全监测内容
1	预应力缺损	高	大	✓	梁体变形
2	基础不均匀变位	极低	大	×	
3	伸缩缝及支座病害	高	中	×	梁端位移监测
4	密集超重活载	低	大	✓	车轴车速、梁体变形
5	混凝土受力开裂	较高	大	✓	活载校验系数
6	混凝土缺损、钢筋锈蚀	较高	中	×	

黑石沟桥安全监测内容　　　　　表6-2

序号	监测内容	监测设备	测点布置	传感器数量
1	挠度监测	封闭连通管测压	各跨跨中	6
2	挠度监测	GNSS	左幅中跨跨中、左幅墩顶、右幅中跨跨中	3
3	车轴车速	车轴车速仪	重车道	2
4	梁端位移监测	梁端位移计	梁端伸缩缝	4
5	气象监测	数字气象站	桥面	1

注:表中传感器数量属于上、下行两幅刚构桥。

a)左幅

图 6-12

图 6-12　黑石沟特大桥测点总体布置图(尺寸单位:m)

二、斜拉桥(涪江四桥)

绵广高速公路涪江四桥孔跨布置为 $12 \times 25m$ 预应力混凝土简支空心板梁 $+2 \times 140m$ 独塔单柱单索面斜拉桥 $+7 \times 25m$ 预应力混凝土简支板梁,全桥长 755m,桥宽 31m。主桥斜拉桥采用塔、梁、墩固结体系,主塔为钢筋混凝土结构,塔高 89.6m;主梁为三向预应力大悬臂三角梭形箱形断面,梁高 3m,梁全宽 31m,两侧悬臂长 5m,箱底宽 4m。主桥斜拉索为平行钢绞线,由 ΦJ15.24 无黏结钢绞线组成,其标准强度为 1860MPa。拉索位于中央分隔带内,在塔的两侧对称布置 20 对共 80 根斜拉索,索距为 6.0m。

针对以涪江四桥为代表的斜拉桥特点进行安全分析,分析内容见表 6-3,在此基础上确定了斜拉桥的监测内容、传感器选型和测点布置方案,具体见表 6-4,具体测点布置如图 6-13 所示。

涪江四桥安全风险分析表　　　　　　　　　　　　　表 6-3

序号	风　险	概率	危害	是否属于安全风险	示范项目安全监测内容
1	索力改变	低	大	✓	恒载变形
2	拉索病害	高	中	×	
3	预应力缺损	较低	中	×	
4	基础不均匀变位	极低	大	×	
5	伸缩缝及支座病害	高	大	✓	伸缩缝位移
6	密集超重活载	低	大	✓	车轴车速、梁体变形
7	混凝土受力开裂	较高	大	✓	活载校验系数
8	混凝土缺损、钢筋锈蚀	较高	中	×	

涪江四桥安全监测内容 表6-4

序号	监测内容	监测设备	测点布置	传感器数量
1	变形监测	封闭连通管测压	各跨跨、塔位置和边墩	4
2	变形监测	GNSS	塔顶、跨中	3 + 1
3	车轴车速	车轴车速仪	重车道	2
4	气象监测	数字气象站	桥面	1
5	梁端位移监测	位移计	桥墩支座	4

图6-13 涪江四桥测点总体布置图(尺寸单位:m)

三、中小跨径预应力混凝土梁桥(五岔子大桥)

五岔子大桥主桥长346.9m,桥梁全长555.7m,桥梁为钢箱梁桥梁,主桥分两联,第一联为27m+27m两跨连续钢箱梁桥梁,第二联为28.5m+75.347m+84.152m+44.73m四跨斜腿刚构桥,桥面宽度为4.654~9.88m。副桥共3跨,第一跨为拱结构,跨径41.673m;第二跨为拱结构,跨径84.431m;第三跨为斜腿刚构结构,跨径41.673m,桥面宽7~14.6m。

五岔子大桥是中小跨径梁桥和拱桥组成的组合桥梁,其监测项目及相应的测点布置见表6-5,传感器选型见表6-6。

五岔子大桥监测项目及测点布设位置 表6-5

类别	监测项目	测点/传感器类型	测点数量	布设位置
环境	环境温湿度	温度仪	2	主跨跨中桥面
	结构温度	温度传感器	40	各主要断面
结构静力响应	主梁挠度	激光测距仪	4	主梁1/2、桥墩
	拱脚相对位移		4	拱脚处
	拱脚变形	倾斜仪	4	拱脚处
	结构应变	应变传感器	36	跨中、拱脚各主要监测断面

续上表

类别	监测项目	测点/传感器类型	测点数量	布设位置
河道环境	基础冲刷	变频测深仪	1	主副桥水下基础,定期监测
	水位	超声波水位计	4	河道中间2个,两边各1个
钢箱梁腐蚀	钢筋内部积水	压力式水位计	8	拱肋及主梁箱梁较低处
	除湿系统效果	温湿度仪	8	主桥和副桥箱梁内部各4个
视频监控	河道船舶等运行等情况	球机	4	桥墩处面向上、下游各2个,桥上灯杆处主桥副桥各4个
	桥梁上人行等情况		8	桥上灯杆处主桥副桥各4个

五岔子大桥监测传感器选型表　　　　　　　　　　表6-6

监 测 类 别	监 测 项 目	设 备 名 称
环境	环境温湿度	温湿度计
	结构温度	温度传感器
结构静力响应	主梁挠度	激光测距仪
	拱脚相对位移	
	拱脚变形	倾斜仪
	结构应变	应变传感器
河道环境	基础冲刷	变频测深仪
	水位	超声波水位计
箱梁腐蚀	钢筋内部积水	压力式水位计
视频监控	河道船舶等运行等情况	球机
	桥梁上人行等情况	

6.3.3 数据采集与传输

数据采集与传输方案,主要依据桥梁的跨径、供电等因素来决定主机的布置及数据传输的方式。

数据采集与传输系统一般采用工业以太网总线组建健康监测系统采集传输网络,典型案例如图6-14所示。

在传统上,采集站之间常采用光纤传输网络,其优点在于可靠性好、抗干扰能力强。近年来,由于无线数据传送技术的飞速发展,采用近场或者远距离无线传送的方案由于能够降低系统成本,进而数量逐渐增加。

6.3.4 监测数据处理与预警

一、数据预处理

在数据采集系统将监测数据采集后,数据处理的预处理模块在数据采集服务器与结构评估服务器之间完成桥梁作用。此模块主要完成数据处理、整合与存储功能,完成现场设备的管理与控制,尽量减少结构评估服务器的处理任务。

图 6-14　黑石沟桥采集传输方案(尺寸单位:m)

(1)与数据采集服务器进行通信,接收远程的采集数据,由远程数据采集模块完成。

(2)对所采集的数据进行预处理(包括滤波、提取、挖掘、通道间的数据耦合、数据格式转换),由数据预处理模块完成。

(3)将实时数据传给评估服务器,以便其可进行实时显示,由数据预处理模块完成。

(4)将原始数据与有效特征数据写入数据库,由数据预处理及系统控制模块完成。

(5)处理后的数据以指定格式数字化,全部进行二进制文件存储备份,由数据存储模块完成。

(6)将经过处理的数据以指定格式传输至云服务器,由 B/S 软件平台完成数据调用。

二、数据库及处理中心

对于安全监测系统而言,中心数据库主要是为了满足桥梁全寿命期档案管理要求,对监测数据,结构静(动)力指标监测数据,结构边界条件及荷载监测数据,结构分析、逆分析数据,日常巡检、养护、维修数据,事故、灾害处理数据,各种养护评估状态预测标准,分析评估权重指数、各类关键指数,各类管理流程方法,病害库、维修措施库、维修成本库、病害成因库、决策方法库等数据进行存储及管理。

结构安全监测系统数据库中,运营结构安全监测数据量很大,而且数据来自各个不同的子系统,组织数据录入就要将各类源数据从各个局部应用中抽取出来,输入计算机,再分类转换,最后综合成符合设计的数据库结构的形式,输入数据库。

所有监测数据经过数据分析形成各类数据报表,包括监测日报、周报、月报、年报,以满足桥梁安全监管需求。典型的监测数据呈现形式如图6-15所示。

图6-15　大屏视图

三、结构安全评估及实时预警

结构安全评估与预警系统是监测系统的最终成果体现,也是结构监测中技术难度最大的部分。该系统的主要功能是在监测数据超出阈值时进行安全预警,并综合各类数据对结构整体进行安全评估,其中涉及各种数据分析方法。

通常,安全预警设黄色和红色两级。

(1)黄色预警:提醒桥梁养管单位对环境、荷载与结构响应加强关注和跟踪观察。

(2)红色预警:警示桥梁养管单位对环境、荷载与结构响应连续密切关注和跟踪观察,查明报警原因,采取适当的检查、应急管理措施以确保桥梁安全运营,并应及时进行数据分析与结构安全评估。

在线实时预警的各类监测变量预警值需要专门研究,在本系统中,按照下列原则设置:

(1)当最高温度、最低温度、最大温差和最大温度梯度大于设计值时,进行黄色预警。

(2)当位移或变形大于设计值的0.8倍时,进行黄色预警。

(3)大于设计值或一个月内发现10次以上黄色预警时,进行红色预警。

安全预警信息一般应包括预警级别、传感器编号和位置、报警的监测值和预警值等。

习　题

1. 简述福建省高速公路智慧养护管理系统的总体技术架构。

2. 河北省高速公路智慧养管系统有哪几类子系统?

3. 桥梁安全监测一般会用到哪些传感器?

第三篇

实践篇　土木工程信息化试验

第7章 实践性试验

实践性试验:基于手机的混凝土缺陷检测与识别

一、试验目的

(1)使学生了解基于手机的混凝土内部缺陷及裂缝检测与识别的原理。

(2)使学生掌握手机声频的基本使用方法。

二、试验设备及装置

(1)手机声频检测仪(KAS)。

(2)混凝土内部缺陷模型、混凝土裂缝模型。

三、试验方案

1.检测对象准备

混凝土内部缺陷模型、混凝土裂缝模型。

2.检测设备准备

手机声频检测仪(KAS)。

3.准备工作

(1)根据测试要求及相关资料,准备好激振锤。

(2)使用手机声频检测仪,打开软件准备测试。

四、试验原理

1. 混凝土内部缺陷检测原理

混凝土内部缺陷检测是利用一个短时的瞬态冲击(用一个小球或者小锤轻敲混凝土表面)产生低频的应力波,应力波传播到结构内部,被缺陷和构件底面反射回来,本系统采用专业拾声器拾取被测体的振动信号,并传送到信号处理仪器,将所记录的信号进行分析,从而确定结构的缺陷位置。该检测方法结合了弹性波冲击回波法和打声法的优点,是基于声频的非接触、移动式的无损检测方法。冲击回波声频法对浅层缺陷、数十厘米深的缺陷均能较好识别,如图7-1所示。

图7-1　测试示意图

2. 混凝土裂缝宽度检测原理

(1)裂缝识别。使用手机内置照相机拍摄裂缝和标识物,对拍摄的图片进行二值化运算,用于过滤图像噪声点。再通过Canny算子勾勒图像轮廓,对勾勒的轮廓进行腐蚀膨胀,使轮廓连接更加平滑,获取图像所有轮廓并填充,过滤掉面积小于一定阈值的轮廓。最后通过记忆参照物选取位置以及一个简易的自定义卷积算法来将图中的参照物消除,使成像图片更清晰、美观。

(2)宽度检测。通过写入软件的参照物大小以及处理后图像中参照物的像素得出该图像每个像素的大小,并计算裂缝的像素和对应的大小。

五、试验步骤

1. 混凝土内部缺陷检测试验步骤

相关资源见基于手机的混凝土缺陷检测与识别二维码。

基于手机的混凝土
缺陷检测与识别

1)数据标定

(1)打开手机声频软件,在软件首页点击 标定进入 按钮。

(2)在选取标定文件夹界面点击右上角的 新建文件夹 按钮,输入相应测试文件名。

(3)文件名命名好后点击 确定 按钮,返回选取标定文件夹界面。再点击刚命名好的文件夹进入标定界面。

(4)根据实际情况对被测模型进行布点。

(5)长按 录音 按钮,开始采样,用激振锤敲击缺陷模型,手机麦克朝向激振点并保持一定距离(10～20cm),敲击结束松开 录音 按钮,自动跳转到数据分析界面。

(6)根据所测模型位置,分别选择相应的 健全 按钮和 缺陷 按钮,提示"标定成功"后再分别采集标定"健全""缺陷"位置数据至少 3 次,操作步骤同前。

(7)采集完标定数据,返回首页。

2)数据测试

(1)在软件首页点击 测试进入 按钮,进入选取标定文件夹界面。

(2)选择刚刚采集标定的数据文件夹,在弹出的新界面选择将采集的"健全"或"缺陷",再点击相应界面的 计算标定数据 按钮,出现"计算完成!"提示后,再点击 开始 按钮,进入测试界面。

(3)点击界面左下角的 保存 按钮,给测试数据命名,设置好相应的文件名后,继续点击该界面的 确定 按钮。

(4)长按 录音 按钮,开始采集数据,用激振锤敲击缺陷模型,手机麦克朝向激振点并保持一定距离(10～20cm),敲击结束后松开 录音 按钮,自动跳转到数据分析界面。

(5)数据分析界面自动进行结果判定(根据数据参数栏文字提示及颜色判定,"健全"为绿色,"缺陷"为红色),再点击左下角的 保存 按钮,保存本次测试数据。

(6)根据现场实际情况,决定是否生成 GRD 文件。如果需要,继续点击测试界面左下角 GRD 按钮,设置测点情况及测点间距。

2.混凝土裂缝宽度检测试验步骤

1)数据采集

(1)打开裂缝测宽手机 App。

(2)打开 App 内置摄像机,拍摄混凝土裂缝模型带裂缝表面。

(3)对拍摄的图片进行过滤、消除、勾勒等处理,使成像图片更清晰、美观。

2)数据分析

(1)打开裂缝测宽手机 App。

(2)对拍摄处理后的裂缝图片进行裂缝宽度识别。

完成试验后请填写评价反馈表(表7-1)。

评 价 反 馈 表   表7-1

姓　　名	班　　级	试验质量评价	试验完成情况	特 别 建 议

第8章　演示性试验

演示性试验一：机器学习（AI）模型训练及应用

一、试验目的

（1）掌握机器学习（AI）模型训练及应用的原理。

（2）掌握机器学习（AI）模型训练及应用的操作步骤和测试方法。

二、试验设备及装置

（1）冲击弹性波无损检测仪（PE）。

（2）混凝土教学模型（带有缺陷）。

（3）计算机（电脑）。

三、试验方案

1. 检测对象准备

带缺陷的混凝土模型。

2. 检测设备准备

（1）冲击弹性波无损检测仪（PE）。

（2）计算机（电脑）。

3. 准备工作

（1）根据需要选择有代表性的测区，并对测点清楚记录、明确编号。

（2）根据测试要求确定测试频率、测试数量。

（3）根据测试需要连接好仪器设备。

（4）调试仪器设备,确认运转正常。

（5）打开设备准备测试。

四、试验原理

机器学习可从不同的角度,根据不同的方式进行分类。最常用的是按系统的学习能力分类,即机器学习可分为有监督的学习与无监督的学习,两者的主要区别是前者在学习时需要教师的示教或训练,而后者是用评价标准来代替人的监督工作。

在无损检测中,许多时候检测精度高度依赖于操作人员的判断水平,为检测结果的客观性、一致性等带来不利影响,也增加了操作人员的负担。为此,基于 AI(机器学习)的辅助判定手段应运而生,以提高检测精度和降低作业难度。同时,我们还可以应用机器学习方法对检测数据进行处理,包括分类、回归及聚类等功能。

（1）分类:内部缺陷(有无、大小)的识别。

（2）回归:数值指标,如厚度、深度、强度、弹性模量等的回归。

（3）聚类:结构损伤程度的划分等。

五、数据准备

AI 辅助无损检测,需要准备数据参数:

（1）在检测软件中生成 AI 用参数文件或者图片文件。

（2）准备训练集。对于训练集,需要的是有验证的检测数据。

（3）选取算法和训练模型。

（4）对模型的精度、泛化能力进行评估。

（5）在边缘端或远程服务器端配置训练、评估好的模型,投入实际应用。

（6）在实际应用中对模型不断地验证和提高泛化能力与预测精度。

检测判断的流程如图 8-1 所示。

图 8-1　检测判断的流程

六、试验步骤

采用机器学习对混凝土块中的管道缺陷信号进行训练和识别。

针对教学用混凝土模型(有、无内部空洞),分别采用 SA12SC、S21C 和 S31SC 3 种不同型号的传感器加专用支座,共计 111 个数据用于训练。另外采集 50 个数据用于测试。相关资源见机器学习模型训练及应用二维码。

机器学习模型训练及应用

1. 数据

分析数据包括激振信号特征、频谱特征(FFT、MEM)等共计 9 个参数。同时,对于内部状况分为 3 类,即健全(Sound)、有缺陷(Defect)和过渡段,不确定(Uncertain)。

2. 训练及模型建立

考虑到数据的特征状态,采用贝叶斯网络和神经元网络作为基本模型。此外,为了分析各个参数对判断结果的影响,还需采用决策树方法进行分析。

1)贝叶斯网络模型

贝叶斯网络模型如图 8-2 所示。

图 8-2　模型示意图(从上到下分别为 1 层和 2 层模型)

2）神经元网络模型

神经元网络模型如图8-3所示。

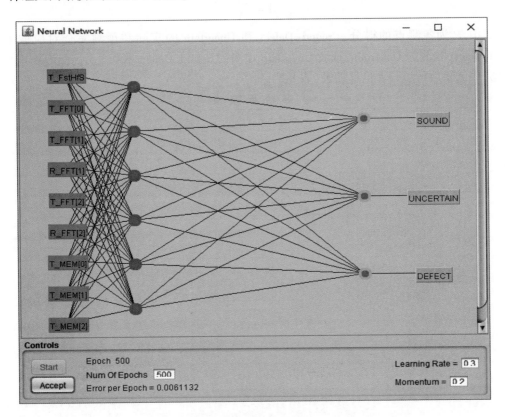

图8-3　神经元网络评估模型

3）模型精度对比

各种识别模型的精度比较见表8-1。

各种识别模型的精度比较　　　　　　　　　　　表8-1

模　　型	准确度	精度	再现率	F 值	ROC 面积
贝叶斯网络(1 层)					
贝叶斯网络(2 层)					
决策树(J48)					
神经元网络					

3. 测试结果及准确度

用贝叶斯网络模型及神经元网络对测试数据进行分析后，请将准确度填入表8-2中。

各种识别模型的精度比较　　　　　　　　　　　表8-2

模型	贝叶斯网络(1 层)	贝叶斯网络(2 层)	神经元网络
准确度			

准确度的计算方式如下：

$$A = \frac{\sum P_i}{N}$$

其中，P_i 为各测点的得分。Sound、Defect 和 Uncertain 的实际和预测完全对应取 1 分，Sound、Defect 预测为 Uncertain，或者 Uncertain 预测为 Sound、Defect 取 0.5 分，其余取 0 分。

完成试验后请填写评价反馈表(表 8-3)。

评 价 反 馈 表　　　　　　　　　　　　　　　　表 8-3

姓　　名	班　　级	试验质量评级	试验完成情况	特 别 建 议

演示性试验二：填方工程的连续压实控制系统试验

一、试验目的

(1)使学生掌握连续压实控制系统的评估原则。

(2)使学生了解连续压实控制系统的构成。

(3)使学生了解连续压实控制系统的操作，以及理解各个测试指标的意义。

(4)使学生了解施工工艺流程、压实质量检测方法和质量控制目标。

二、试验设备及装置

(1)一块空旷无遮拦的碾压场地。

(2)连续压实控制系统(SSFS-ICCC)。

(3)落球式回弹模量测试仪(SFB-RMT)。

三、试验方案

1. 检测对象准备

空旷无遮拦的碾压场地。

2. 检测设备准备

(1)连续压实控制系统(SSFS-ICCC)。

（2）落球式回弹模量测试仪（SFB-RMT）。

3.准备工作

（1）根据测试要求及相关资料，正确连接及安装硬件部分和软件部分。

（2）正确连接落球式回弹模量测试仪。

四、试验原理

本系统主要针对路基路面等高填方工程的连续压实施工，基于厘米级的高精度定位设备，可实时远程监控压路机的轨迹、振动频率、碾压速率等参数，通过蓝牙传递到驾驶内平板中，系统根据参数自动计算碾压遍数，生成碾压次数热力图。施工过程中对漏碾、过碾等情况进行实时提醒。同时通过采集碾压轮的振动数据，计算压实指标，可连续计算压实情况并绘制云图。

碾压过程信息可以网络为传输媒介实时回传到专用服务器内存储，做到随时随地查看碾压详情，相关人员能在 B/S 客户端查看项目信息、压实度信息等。

采用落球检测设备，可将指标同实际的检测参数相统一，可大幅提升压实指标的可靠性。系统还可通过手机 App 对运料车及装载机进行监测。碾压完成后可通过落球检测设备对碾压质量进行快速检测，实现碾压、检测一体化管理。连续压实控制系统组成表见表8-4。相关资源见填方工程的连续压实控制系统。

填方工程的连续
压实控制系统

连续压实控制系统组成表　　　　　　　　　　　表 8-4

	碾压轨迹监测	
	振动传感器	用于采集振动信号并转换为电荷信号
	主机(含平板电脑)	分析处理信号,计算显示终端
	GNSS 接收机	跟踪碾压轨迹
硬件部分	落球检测仪标定	
	落球式回弹模量测试仪	CEV 压实指标标定
	GNSS 接收机	跟踪记录测点定位
	分析软件	用于对信号进行采集、保存、分析等功能
	服务器	数据存储管理终端
软件部分	B/S 端	
	实时监控多台振动碾的工作状况,查看历史数据、后台管理	
	App 端	
	对运渣车轨迹进行监测	

五、试验步骤

1.碾压测试

1）硬件连接

定位模块连接上 GNSS 天线、GSM 天线，并将 GNSS 天线固定到压路机车顶，定位数据采集天线所在位置，接通电源，等待定位模块红色、绿色信号灯由闪烁到常亮，标识定位数据获取到固定解，即定位精度达到厘米级；振动模块的安装，通过强磁铁将振动模块牢固地固定在振动压路机的机架上,然后打开电源开关。

2)打开车载终端连接硬件并开始工作

打开平板软件,输入账号、密码,点击登录,选择需要监测的项目,由历史数据选择是否续碾,若选择"是",将继续上一次的碾压施工;若选择"否",则自动开始新一层的碾压监测。等待软件自动连接振动模块、定位模块。连接状态及定位设备标号会在软件右下角提示。连接成功后即开始正常监测。打开软件后先勾选"CEV 标定"选项,然后点击 开始 按钮重复先前过程,开始正常工作,待碾压施工完成,落球检测设备上传相应标定数据后,点击 暂停 按钮,暂停当前工作;点击 获取标定值 按钮获取 CEV 标定结果,完成标定。点击 开始下一层 按钮,开始正常施工。

2.落球回弹模量检测仪标定

(1)打开数据采集系统。

(2)数据采集步骤:

①为数据采集新建或者选择一个工程文件夹,设置工程文件夹保存路径后,可选择填写工程信息,点击 确定 按钮进入到下一步。

②勾选 CEV 标定项目,输入账号、密码,登录系统。

③输入数据保存文件名。

④根据现场实际情况进行落球解析设定。

⑤点击 零点标定 ,测试环境的噪声电压并进行标定,一方面是为了检测仪器是否能够正常工作;另一方面可以根据标定结果调整相应参数,降低环境噪声,以消除其对测试结果的不利影响。此时程序中显示的测定电压即为标定电压。如果标定电压大于 0.2V,说明环境噪声过大,不建议进行测试工作。

⑥点击 采集数据 按钮,需要在 10s 内按照测试方案的激振方式对受检路基进行激振。检测仪会自动采集信号并将采集到的信号波形在软件上显示。

⑦当用户采集到符合要求的波形后,即可通过点击 保存数据 按钮保存数据。

⑧当用户对同一构件进行数据连续采集时,可点击连续采集按钮,连续对受检路基进行激振,此时每采集一个数据,系统会进行自动保存,连续采集完成后,点击 停止采集 按钮,即可终止本次连续采集。

⑨采集完成后,依次点击 批量解析 、 结果一览 、 保存结果 按钮。

⑩数据解析完成后点击 上传数据 ,选择当前数据文件进行上传。

完成试验后请填写评价反馈表(表8-5)。

评 价 反 馈 表 表 8-5

姓　　名	班　　级	试验质量评价	试验完成情况	特 别 建 议

姓　名	班　级	试验质量评价	试验完成情况	特　别　建　议

演示性试验三：中小跨径桥梁健康监测系统试验

一、试验目的

(1)使学生掌握桥梁健康监测系统的评估原则。

(2)使学生了解桥梁健康监测系统的构成。

(3)使学生了解桥梁健康监测系统的操作,以及理解各个监测指标的意义。

二、试验设备及装置

(1)中小跨径桥梁模型。

(2)桥梁健康监测系统(BSS-RMS-M)。

(3)梁体弹性模量测试系统:混凝土多功能无损测试仪(SCE-MATS)。

三、试验方案

1.检测对象准备

中小跨径桥梁模型。

2.检测设备准备

(1)桥梁健康监测系统(BSS-RMS-M)。

(2)混凝土多功能无损测试仪(SCE-MATS)。

3.准备工作

(1)根据测试要求及相关资料,设计传感器安装位置。

(2)正确连接仪器设备。

(3)调试仪器设备,确定其运行正常。

(4)打开计算机准备试验。

四、试验原理

被动型监测系统

通过连续测试桥梁在运营过程中车辆通行等荷载所引起的关键物理量变化,进行数据综合分析,从而推断桥梁的健康状态。被动型监测系统主要监测项目见表8-6。

被动型监测系统主要监测项目   表8-6

对象	传感器种类	测 试 参 数	监测对象及作用
桥梁	加速度计	动挠度	梁的承载力(不含自重)、超载
		振动模态、频率	梁的刚性状况、损伤状况
	倾角计	静挠度	梁的承载力(含自重)
		横向稳定性	桥板的翻转
	温度传感器	混凝土内温度	对温度效应进行补偿、修正
桥墩	加速度计	振动模态、频率	桥墩的约束状况(基础冲刷等)
交通	数字摄像机	视频	桥梁的整体状态、交通状态

五、试验步骤

被动型监测系统

(1)打开系统软件。

基于网络型监测测试仪的物联网数据采集

(2)建立桥梁资料,包含桥梁名称、结构、传感器的布置等。

(3)选定桥梁,进行预警系统的参数设定(参数来自快速无损检测)。

(4)进入监测系统界面,用模型工程车模拟不同荷载驶过桥面时的情况,并记录振动特性。

(5)进入评估系统界面,将记录的数据进行下列评估,并得出评估结论:

①与设计资料的桥梁刚度对比(主要是梁的动、静扰度等)。

②与设计资料的相应允许值对比(主要是梁的动挠度、固有频率等)。

③与监测数据变化历史对比。

完成试验后请填写评价反馈表(表8-7)。相关资源见基于网络型监测测试仪的物联网数据采集二维码。

评 价 反 馈 表   表8-7

姓　　名	班　　级	试验质量评价	试验完成情况	特　别　建　议